DEUTSCHE AKADEMIE DER WISSENSCHAFTEN ZU BERLIN

Veröffentlichungen des Geodätischen Instituts in Potsdam

Nr. 25

DIE FREILUFTANOMALIEN IM EUROPÄISCHEN BEREICH

(Vorläufige Darstellung)

Von

KURT ARNOLD

AKADEMIE-VERLAG · BERLIN

1964

Erschienen im Akademie-Verlag GmbH, Berlin W 8, Leipziger Straße 3–4

Lizenznummer: 202 · 100/475/64
Gesamtherstellung: VEB Druckerei „Thomas Müntzer" Bad Langensalza
Bestellnummer: 2016/25 · ES 19 C · Preis: DM 25,–

INHALTSVERZEICHNIS

EINLEITUNG

Gelegentlich der Untersuchungen zur Bestimmung der absoluten Lotabweichungskomponenten ξ und η für den HELMERT-Turm des Geodätischen Institutes in Potsdam aus Schwereanomalien mittels der Integralformel von VENING-MEINESZ wurde von uns das zur Zeit verfügbare Schwerematerial aus Europa und dem zirkum-europäischen Bereich gesammelt. Die Sichtung dieser Veröffentlichungen zeigte ein uneinheitliches Bild, indem teilweise Freiluftanomalien und teilweise BOUGUER-Anomalien dargestellt waren. Die einen Autoren bevorzugten die internationale Schwereformel, die anderen die HELMERTsche Schwereformel.

Um diese veröffentlichten Schweremessungen für geodätische Anwendungen aufzubereiten, wurden die BOUGUER-Anomalien in Freiluftanomalien umgewandelt, um in das Integral von VENING-MEINESZ einheitlich Freiluftanomalien einführen zu können. Natürlich wurde das gesamte Material auch einheitlich auf die gleiche „normale Schwere" bezogen.

Von diesen Daten ausgehend konnten wir schon früher eine Aussage über die absoluten Lotabweichungskomponenten für den HELMERT-Turm des Geodätischen Instituts in Potsdam machen [2].

Inzwischen hat es sich gezeigt, daß das dabei gesammelte Schwerematerial auch noch für andere geodätische Anwendungen von Wert ist; denn oft braucht man für mehr oder weniger weit vom Aufpunkt entfernt gelegene Gebiete Unterlagen über den Verlauf der Schwereanomalien, ohne dabei allenfalls unbedingt die relativ hohe Genauigkeit von 1 mgal für die über bestimmte Flächenelemente erstreckten Mittelwerte fordern zu müssen.

So zeigen die beiliegenden Karten die Mittelwerte der Freiluftanomalien der dort eingezeichneten Flächenelemente, mögen diese nun eine Ausdehnung von $1° \times 1°$, $1° \times 30'$, $30' \times 20'$, $20' \times 12'$ oder $10' \times 6'$ haben. Der Maßstab beträgt 1:3 Mill., und wir hielten uns an den Blattschnitt und die Bezeichnungsweise der Internationalen Weltkarte. Die Freiluftanomalien beziehen sich auf die HELMERTsche Schwereformel (1901).

Es ist nicht ganz einfach, die Genauigkeit der auf den beiliegenden Karten dargestellten Mittelwerte der Freiluftanomalien zu beurteilen. Generell kann man natürlich den auf kleine Flächenelemente bezogenen Werten eine höhere Genauigkeit geben als denen, die für größere Gebiete gelten. Je größer das Flächenelement ist, um so geringer ist meistens die Genauigkeit des Mittelwertes, und zwar, weil dann nicht so viel detaillierte Unterlagen über den Verlauf der Freiluftanomalien vorliegen. Bei den $10' \times 6'$-Kompartimenten wird man nur selten einen Fehler von mehr als 1 oder 2 mgal erwarten müssen. Bei den $1° \times 1°$-Kompartimenten kann der Fehler schon manchmal 5 mgal erreichen und in vereinzelten Fällen auch 10 mgal betragen.

Wenn die Gravimetrische Kommission der Internationalen Assoziation für Geodäsie es sich zum Ziele gesetzt hat, für Europa und schließlich für die ganze Welt Schwerekarten im Maßstab 1:1 Mill. mit einer Genauigkeit von ± 1 mgal für die dargestellten Schwereanomalien zu erstellen, so sind demgegenüber also die beiliegend publizierten Karten im allgemeinen etwas weniger genau. Die Konzeption der Gravimetrischen Kommission geht also über das hier erreichte Ziel noch wesentlich hinaus und daraus erklärt sich der Charakter der beiliegenden Karten, etwas Vorläufiges zu sein.

Im übrigen herrscht in manchen Ländern die Tendenz, die allerneusten Gravimetermessungen nicht weiten Kreisen zugänglich zu machen, so daß man die beiliegenden Schwerekarten, soweit sie diese Länder überdecken, möglicherweise nicht in kürzerer Zeit wird verbessern können.

Die bei der Berechnung der in den anliegenden Karten dargestellten Freiluftanomalien verwendete HELMERTsche Schwereformel (1901) lautet [63]

$$\gamma_H = 978030\,[1 + 0{,}005302 \sin^2 \varphi - 0{,}000007 \sin^2 2\,\varphi]\ \mathrm{mgal}\,.$$

Die auch oft benutzte, hier aber nicht verwendete Internationale Schwereformel nach CASSINIS (1930) hat die folgende Form [63]:

$$\gamma_I = 978049\,[1 + 0{,}0052884 \sin^2 \varphi - 0{,}0000059 \sin^2 2\,\varphi]\ \mathrm{mgal}\,.$$

Die Umrechnung erfolgt mittels der Formel

$$(\Delta g_F)_{\mathrm{HELMERT}} - (\Delta g_F)_{\mathrm{Internat.}} =$$
$$\gamma_I - \gamma_H = +\,19 - 13{,}3 \sin^2 \varphi + 1{,}1 \sin^2 2\,\varphi\ [\mathrm{mgal}]\,.$$

Die HELMERTsche Schwereformel hat den Vorteil, daß ihr ein Abplattungswert zugrunde liegt, der dem in jüngster Zeit aus Satellitenbeobachtungen gefundenen Wert für die Abplattung des mittleren Erdellipsoids sehr nahe kommt; wenn sie sich nicht auf ein Ellipsoid bezieht, so wird dies von mancher Seite als nachteilig empfunden. Auch ist der durch sie ausgewiesene Schwerewert am Äquator verbesserungsbedürftig, ebenso wie bei der CASSINISschen Schwereformel, wegen der Niveauänderung des „Potsdamer Systems".

Demgegenüber entfernt sich die bei der Internationalen Schwereformel eingeführte Abplattung erheblich von der des mittleren Erdellipsoids. Doch hat man hier durch Einführung eines exakten Bezugsellipsoids für manche geodätische Anwendungen gewisse Vorteile, doch können andererseits die innerhalb eines Niveauellipsoids gelegenen Massen in Strenge nicht im hydrostatischen Gleichgewicht sich befinden.

LITERATUR

[1] ANDERSEN, E.: Gravity measurements in Sjaelland, Möen, Falster and Lolland by means of the Askaniagravimeter. Geodaet. Inst. Skr. 3, X, Kopenhagen 1947.

[2] ARNOLD, K.: The European Datum. Boletim da Universidade do Parana, Geodesia, No 4, 1962.

[3] ARNOLD, K.: The deflections of the vertical expressed in free-air anomalies and their relationship to the gravimetric-isostatic deflections. I.A.G. Cambridge-Symposium on gravity-reductions, July 1961.

[4] ARNOLD, K.: Recent achievements in the theory of the level-surfaces of the earth. I.A.G. Cambridge-Symposium on gravity-reductions, July 1961.

[5] BAKKELID, S.: Gravity observations in a submarine along the Norwegian coast. Geograph. Survey of Norway, Publ. Nr. 11, Oslo 1959.

[6] BALLARIN, S.: The squared maps for medium altitudes ... Publ. Italian Geod. Komm. Traveaux I.A.G., Helsinki 1960.

[7] BOKUN, J.: La mise au point des données gravimétriques necessaires pour l'établissement en Pologne du reseau astronomo-géodésique ... Traveaux I.A.G., Toronto 1957.

[8] BOMFORD, G.: The junction of the Indian and European triangulation systems. Bull. géod., Paris 1960.

[9] BORRASS, E.: Bericht über die relativen Messungen der Schwerkraft. 16. Konf. d. Internat. Erdmessung in London und Cambridge. III. Teil, 1911.

[10] BROWNE, B. C. and COOPER, R. I. B.: The British submarine gravity surveys of 1938 and 1946. Phil. Trans. Roy. Soc. A, Math. and Physic. Sc. No. 847, 242, London 1950.

[11] CIANI, A., GANTAR, C., MORELLI, C.: Rilievo gravimetrico sullo zoccolo epicontinentale dei mari italiani. Boll. di Geofisica, II. 6, Triest 1960.

[12] COLLETTE, B. J.: Gravity expeditions of the Netherlands geodetic commission. Vol. V, II. Delft 1960.

[13] COOPER, R. I. B., HARRISON, J. C., WILLMOR, P. L.: Gravity measurements in the Eastern Mediterranean. Phil. Trans. Roy. Soc. A, No. 889, **244**, London 1952.
[14] COSTER, H. P.: The gravity field of the western and central Mediterranean. Groningen 1945.
[15] CORON, S.: Isostatic anomalies of the French Alps. Bureaux grav. int., Paris 1956.
[16] DE BRUYN, J. W.: Isogamm maps of Europe and North Africa. Geoph. Prosp. **III** (1955).
[17] EINARSSON, T.: Survey of gravity in Iceland. Soc. Sc. Islandica XXX. A. Reykjavik 1954.
[18] FACSINAY, L. and SZILÁRD, J.: The hungarian network of gravity basis. Geofizikai Kozlemények **2**, Budapest 1956.
[19] FISHER, I.: The deflection of the vertical in the western and central mediterranean area. Bull. géod. N.S. **34**, Paris 1954.
[20] GANTAR, C., MORELLI, C., SEGRE, A. G., ZAMPIERI, L.: Studio gravimetrico e considerazioni geologiche sull' Isola di Pantelleria. Boll. di Geofisica, **III**, **12**, Triest 1961.
[21] GERKE, K. und WATERMANN, H.: Die Karte der mittleren Freiluftanomalien für Gradabteilungen 6′ × 10′ von Westdeutschland. DGK. B, 46/II. München 1959.
[22] HANADA, Y., SUZUKI, N., OHASHI, S., KAKINUMA, S.: Determination of the differences in gravity between Chiba, Singapore, Cape Town and Syowa Station in Antarctica. Bulletin of the Geographical Survey Institute **VI**, 2—3, Tokyo 1960.
[23] HARRISON, J. C.: An interpretation of gravity anomalies in the Eastern mediterranean. Phil. Trans. Roy. Soc. A, No. 947, **248**, London 1955.
[24] HEISKANEN, W.: Gravimetric computation of the undulations of the geoid, and the deflections of the geoid, and the deflections of the vertical. Traveaux A.I.G. Toronto **20**, Facs. 5, Paris 1958.
[25] HEISKANEN, W.: Catalogue of the isostatically reduced gravity stations. Ann. Acad. Sci. Fennicae, A, **51**, 10, Helsinki 1939.
[26] HOLOPAINEN, P.: On the gravity field and the isostatic structure of the earth's crust in the east alps. Ann. Acad. Sci. Fennicae, A. III, **12**, Helsinki 1947.
[27] HOMORÓDI, L.: Absolute Orientierung des neuen ungarischen Triangulationsnetzes. Wiss. Mitteil. der Techn. Universität f. Bau- und Verkehrswesen **VII**, 2, Budapest 1961.
[28] HONKASALO, T.: Gravity survey of the Baltic and the Barents-Sea. I.A.G. Gravimetric Commission, Paris 1959.
[29] HOPMANN, J.: Über die gravimetrische und astronomische Bestimmung von Lotabweichungen und ihre Auswirkung auf trigonometrische Netze. Veröff. d. Inst. f. Erdmessung, Nr. 12, Bamberg 1950.
[30] INGHILLERI, G.: Completamento del rilievo gravimetrico nell' Italia Nord Occidentale. Boll. di Geodesia **XVIII**, 3, Firenze 1959.
[31] KAULA, W. M.: Statistical and harmonic analysis of gravity. Army Map Service, Techn. rep. Nr. 24, Washington 1959.
[32] LEJAY, R. P. et CORON, S.: Deviation absolue de la verticale. Bull. Géod. N. S. **50**, Paris 1958.
[33] LEJAY, R. P. et CORON, S.: Étude gravimétrique de la Corse. C. R. Acad. des Sciences, Paris 1953.
[34] MACE, C.: Gravity measurements in Cyprus. Monthly Notices RAS Geoph. Suppl. **4**, **7**, London 1939.
[35] MORELLI, C.: Rilievo gravimetrico e riduzione isostatica nell' Italia Nord-Orientale. Osserv. Geofisico. Publ. **20**, Trieste 1951.
[36] MORELLI, C.: Gravitá e tettonica nelle Marche e negli Abruzzi settentrionali. Publ. dell' Ist. Naz. di Geofisica, Nr. 311. Roma.
[37] MORELLI, C. and GANTAR, C.: Some comparisons between the values observed by Osservatori Geofisico . . . Boll. di Geofisica, II, **6**, Triest 1960.
[38] MUELLER, I.: The determination of the regional part of the vertical gradient anomaly by a geodetic method. Geofisica pura e applicata **48**, Milano 1961.
[39] NORINELLI, A.: Nuovi dati geofisici sul distretto eruttivo euganeo-berico-lessineo. Boll. di Geodesia **XIV**, 1, Firence 1955.
[40] PESONEN, U.: Geodetic operations in Finland 1954—1956. Traveaux I.A.G., Toronto 1957.
[41] PETCOV, I. and GEORGIEV, G.: Das gravimetrische Netz 1. Ordnung in Bulgarien. Bulg. Akad. d. Wiss., Geophysik. Institut, Sofia.
[42] PISANI, M.: Istituzione di una linea di taratura per gravimetri in Grecia . . . Osserv. Geofisico Sperimentale, Trieste, Publ. Nr. 118.
[43] SAXOV, S.: Gravity in Holland. Geod. Inst. Sk. 3. XXVIII, Kobenhavn 1958.
[44] SAXOV, S.: Some gravity measurements in Thy, Mors and Vendsyssel. Geod. Inst. Sk. 3. XXV, Kobenhavn 1956.
[45] SCHEFFER, V.: Der isostatische Charakter d. Ungarischen Niveauveränderungen und die Möglichkeit der zeitlichen Korrektion der Höhenwerte der Nivellementhöhenfestpunkte. Acta Technica Acad. Sc. Hung. **X**, Budapest 1954.
[46] SCHLEUSSNER, A.: Karte der mittleren Höhen von Zentraleuropa. DGK. B **60**, München 1959.

[47] Schweiz. Geod. Kommission: Gravimetermessungen in den Jahren 1953–1957. Bern 1959.
[48] SHONGOLOWITSCH, I.: Äußeres Schwerefeld der Erde und die mit ihm verbundenen Fundamentalkonstanten. Arb. d. Inst. f. Theoret. Astronomie, Heft III, Moskau 1952.
[49] SIEMENS, G.: Die Schwerekarte der DDR. Freiberger Forschungshefte C 7, Berlin 1953.
[50] SOCOLESCU, M. and BISIR, D.: Le calcul du réseau des stations de pendule de la république populaire roumaine. Revue de physique II. 1, Bucarest 1957.
[51] SOLLINS, A. D.: Tables for the computation of deflections of the vertical from anomalies. Bull. Géod. N. S. 6, Paris 1947.
[52] STAHL, P.: Terre Adélie 1951–1953. Gravimétrie. Exp. Polaires Francaises. Fsc. Nr. 24. 1954.
[53] STAHL, P.: Liaison Gravimétrique France-Terre Adélie. Exp. Polaires Francaises, N. S. III. 3. Paris 1958.
[54] TANNI, L.: On the isostatic structure of the earth's crust in the carpathian countries ... Ann. Acad. Sci. Fennicae, A. III. 4. Helsinki 1942.
[55] TANNI, L.: On the continental undulations of the geoid ... Ann. Acad. Sci. Fennicae. A. III. 16, Helsinki 1948.
[56] TENGSTRÖM, E.: Outlines of a method for determining the geoid in Sweden by free-air anomalies. Rikets Allmanna Kartverk. Nr. 22, Stockholm 1954.
[57] Traveaux de A.I.G. Paris. Tome **12**, **14**, **15**, **16**, **18**.
[58] Traveaux de A.I.G. Paris. Tome **18**, **2**.
[59] VAN WEELDEN, A.: History of gravity observations in the Netherlands. Gedenkboek F. A. Vening-Meinesz, 's-Gravenhage 1957.
[60] WEIKEN, K.: Ergebnisse der Pendelmessungen der Jahre 1934 bis 1943. Veröff. d. Geod. Inst. Potsdam, Nr. 3, Berlin 1950.
[61] WEIKEN, K.: Schwerkraftmessungen mit Pendeln. Wissenschaftliche Ergebnisse d. Deutschen Grönland-Expedition Alfred Wegener 1929 und 1930/31. F. A. Brockhaus, Leipzig.
[62] WIDELAND, B.: An investigation on the geoid in Sweden. Rikets Allmanna Kartverk, Nr. 24, Stockholm 1955.
[63] WITTINGER, M.: Tihová mereni v. C.S.R. Praha 1954.
[64] WITTINGER, M.: Tabulky normálního tíhového zrychlení. Geophys. Inst. d. Tschechosl. Akad d. Wiss. 1954.
[65] WOLF, H.: Geoidvergleiche und absolute Lotabweichungen. DGK. A, 5, München 1952.
[66] WOLF, H.: Über die Lagerung des Bomford-Geoids. Traveaux I.A.G., Helsinki 1960.
[67] ZABEK, Z. et SLEDZINSKI, J.: Liaison gravimétrique entre Varsovie et la station A. B. Dobrowolski en Antarctique. Polish Geodetic Comm., Varsovie 1960.

TAFELN

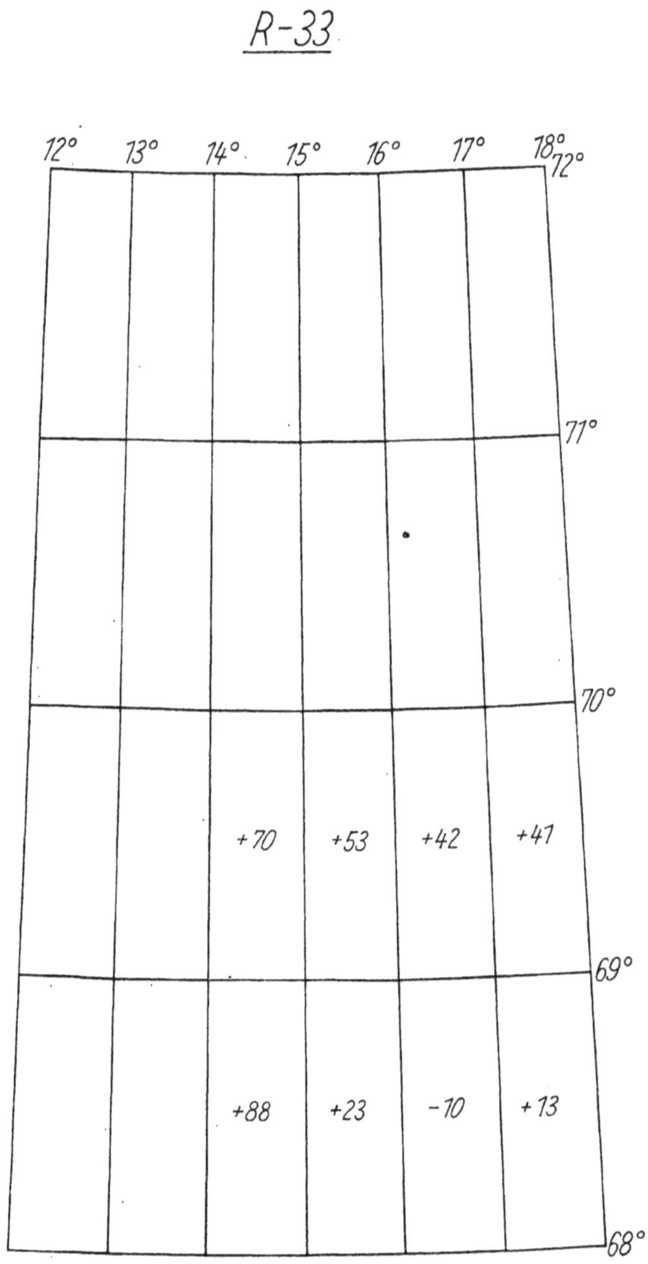
R-33
12°
13°
14°
15°
16°
17°
18°
72°
71°
70°
69°
68°
+70
+53
+42
+41
+88
+23
-10
+13

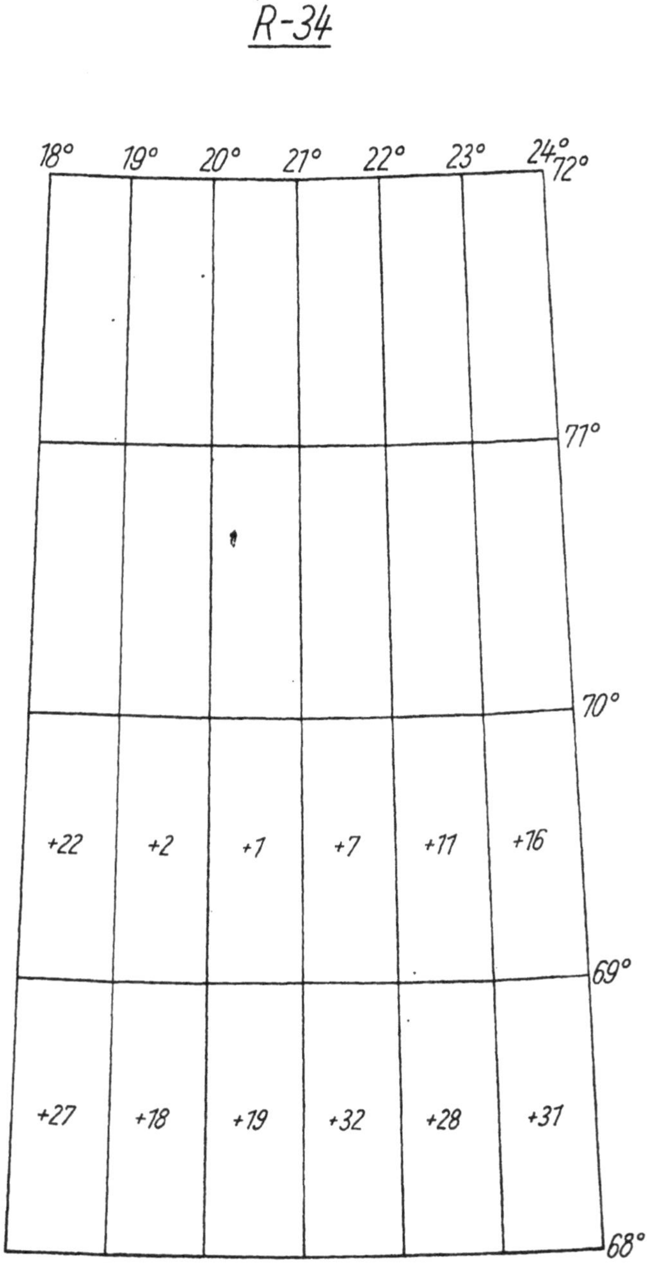
R-34
18°
19°
20°
21°
22°
23°
24°
72°
71°
70°
69°
68°
+22
+2
+1
+7
+11
+16
+27
+18
+19
+32
+28
+31

R-35

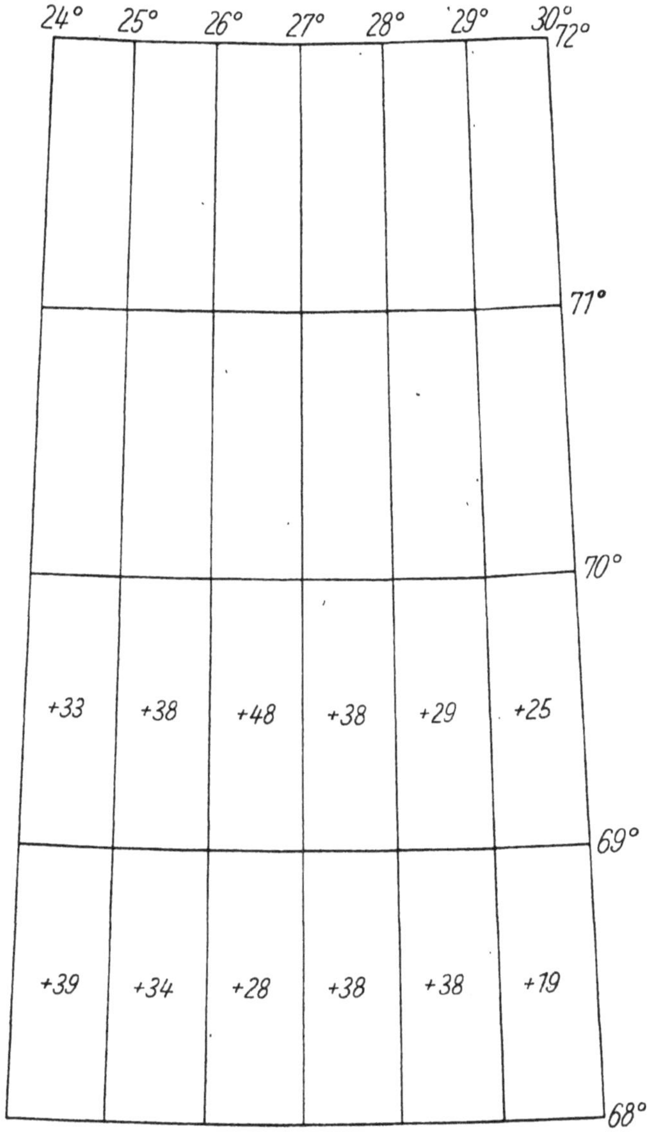

Q-31

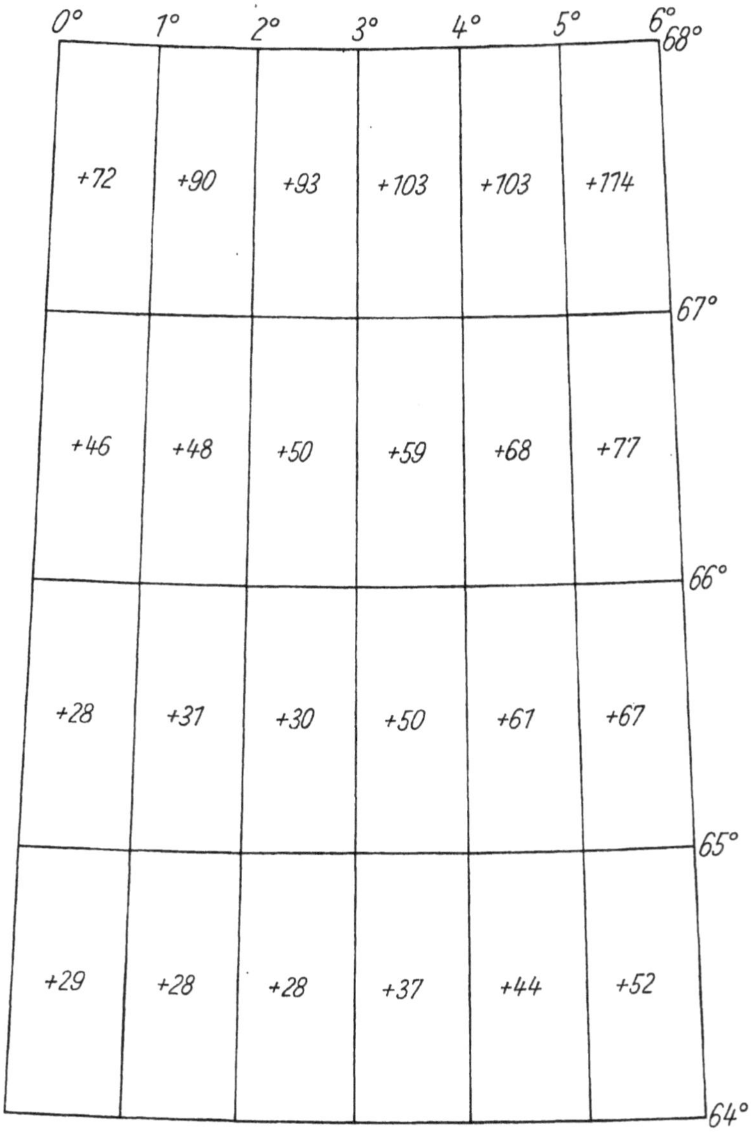
0°
1°
2°
3°
4°
5°
6°
68°
67°
66°
65°
64°
+72
+90
+93
+103
+103
+114
+46
+48
+50
+59
+68
+77
+28
+31
+30
+50
+61
+67
+29
+28
+28
+37
+44
+52

Q-32

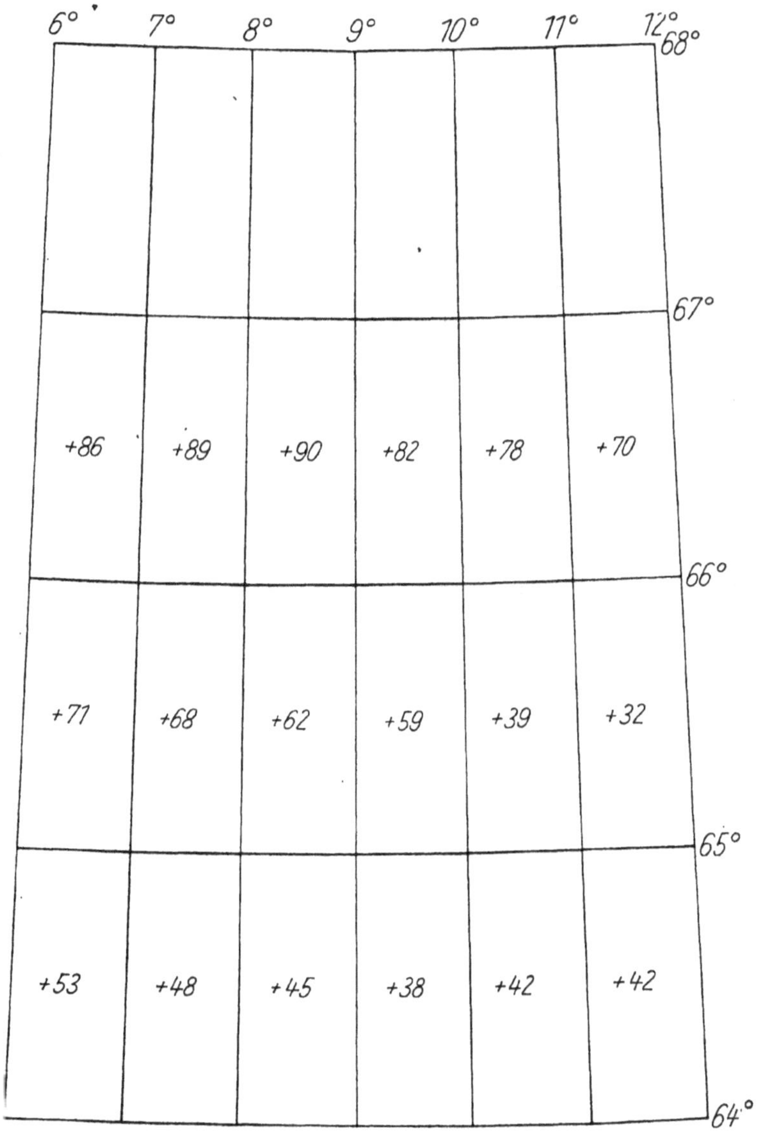
6°
7°
8°
9°
10°
11°
12°
68°
67°
66°
65°
64°
+86
+89
+90
+82
+78
+70
+71
+68
+62
+59
+39
+32
+53
+48
+45
+38
+42
+42

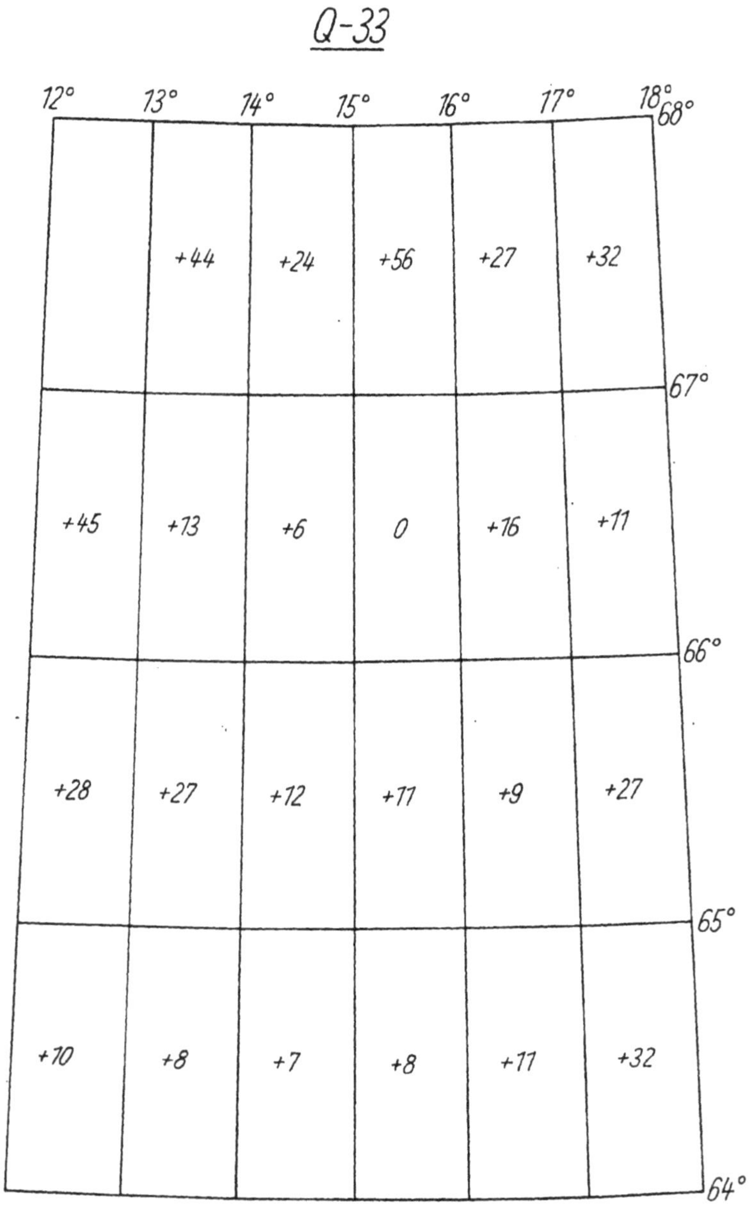
Q-33
12°
13°
14°
15°
16°
17°
18°
68°
67°
66°
65°
64°
+44
+24
+56
+27
+32
+45
+13
+6
0
+16
+11
+28
+27
+12
+11
+9
+27
+10
+8
+7
+8
+11
+32

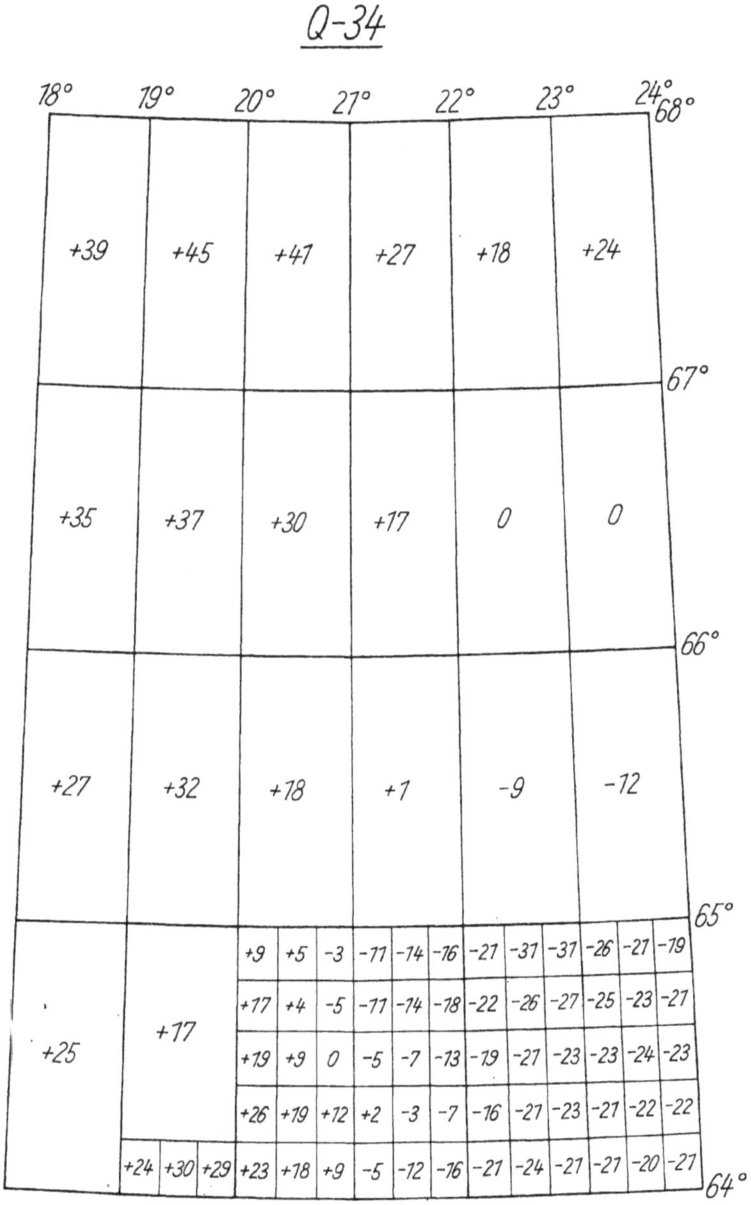
Q-34
18°
19°
20°
21°
22°
23°
24°
68°
67°
66°
65°
64°
+39
+45
+41
+27
+18
+24
+35
+37
+30
+17
0
0
+27
+32
+18
+1
-9
-12
+25
+17
+9
+5
-3
-11
-14
-16
-21
-31
-31
-26
-21
-19
+17
+4
-5
-11
-14
-18
-22
-26
-27
-25
-23
-21
+19
+9
0
-5
-7
-13
-19
-21
-23
-23
-24
-23
+26
+19
+12
+2
-3
-7
-16
-21
-23
-21
-22
-22
+24
+30
+29
+23
+18
+9
-5
-12
-16
-21
-24
-21
-21
-20
-21

Q-35

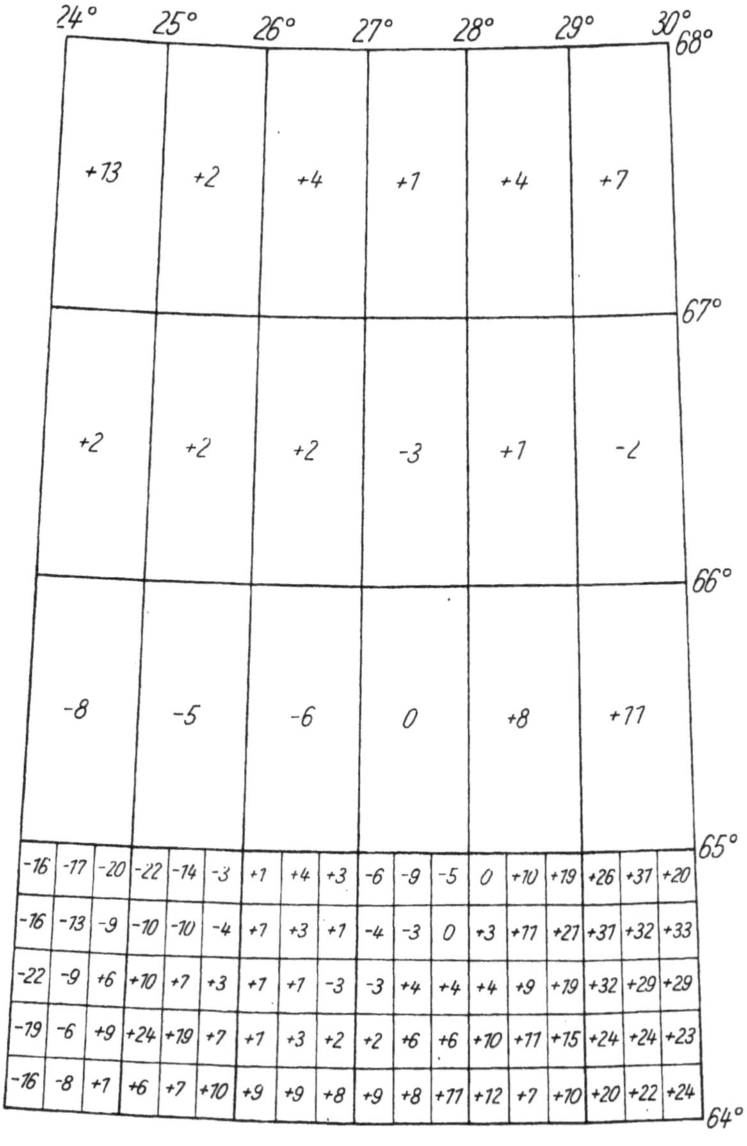
24°
25°
26°
27°
28°
29°
30°
68°
67°
66°
65°
64°
+13
+2
+4
+1
+4
+7
+2
+2
+2
-3
+1
-2
-8
-5
-6
0
+8
+11
-16 -17 -20 -22 -14 -3 +1 +4 +3 -6 -9 -5 0 +10 +19 +26 +37 +20
-16 -13 -9 -10 -10 -4 +7 +3 +1 -4 -3 0 +3 +11 +21 +31 +32 +33
-22 -9 +6 +10 +7 +3 +7 +1 -3 -3 +4 +4 +4 +9 +19 +32 +29 +29
-19 -6 +9 +24 +19 +7 +1 +3 +2 +2 +6 +6 +10 +11 +15 +24 +24 +23
-16 -8 +1 +6 +7 +10 +9 +9 +8 +9 +8 +11 +12 +7 +10 +20 +22 +24

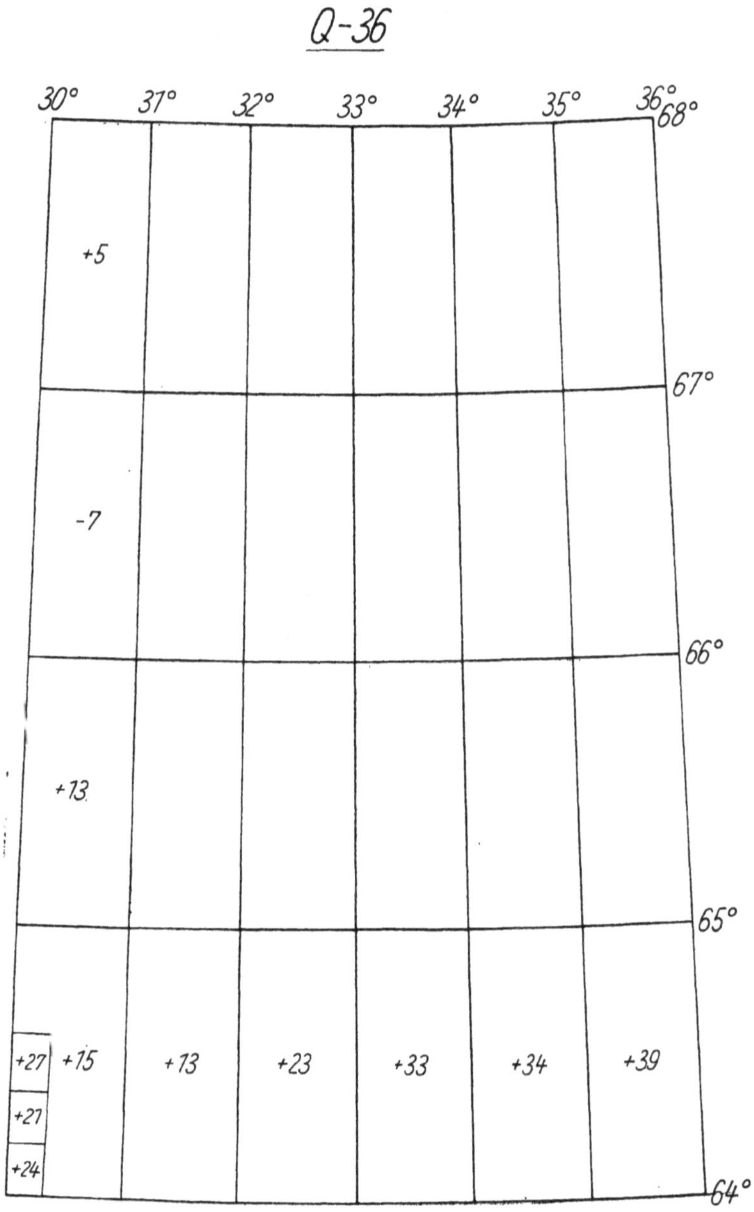
Q-36
30°
31°
32°
33°
34°
35°
36°
68°
67°
66°
65°
64°
+5
-7
+13
+27
+27
+24
+15
+13
+23
+33
+34
+39

P-31

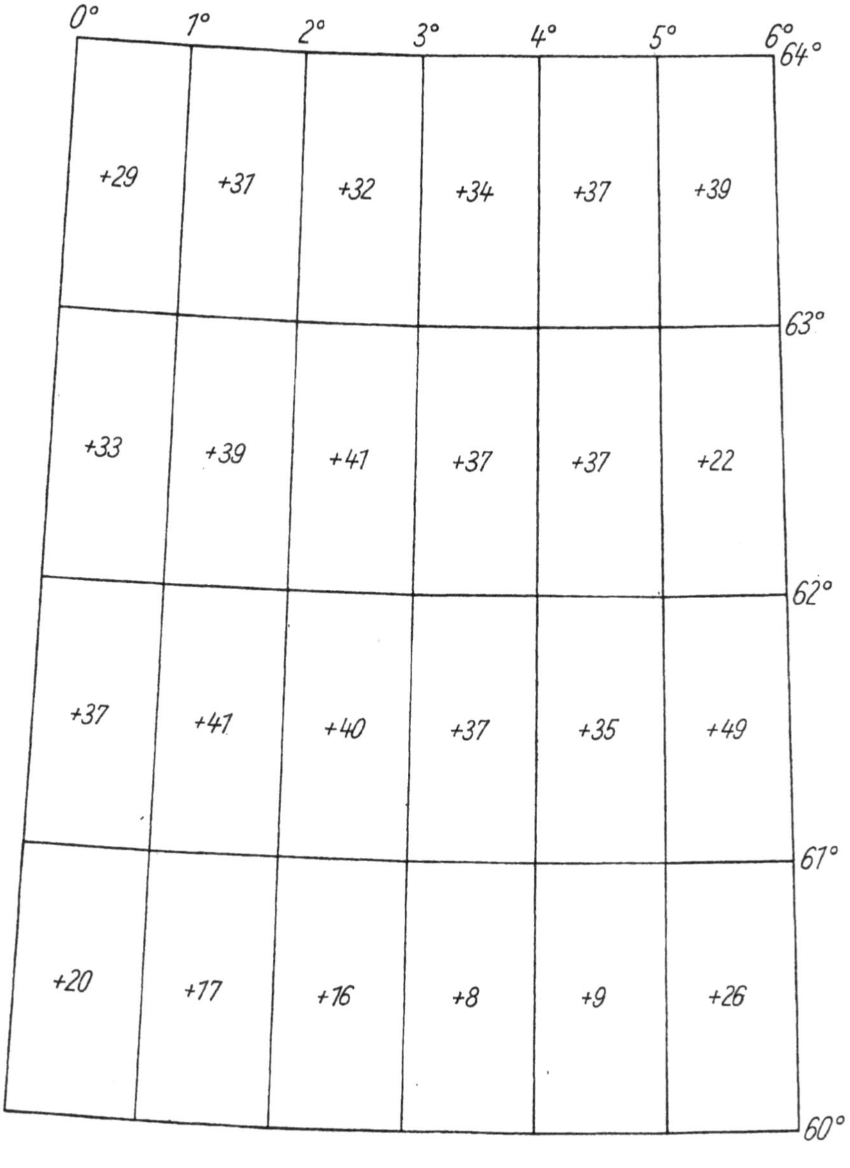
0°
1°
2°
3°
4°
5°
6°
64°
63°
62°
61°
60°
+29
+31
+32
+34
+37
+39
+33
+39
+41
+37
+37
+22
+37
+41
+40
+37
+35
+49
+20
+17
+16
+8
+9
+26

P-32

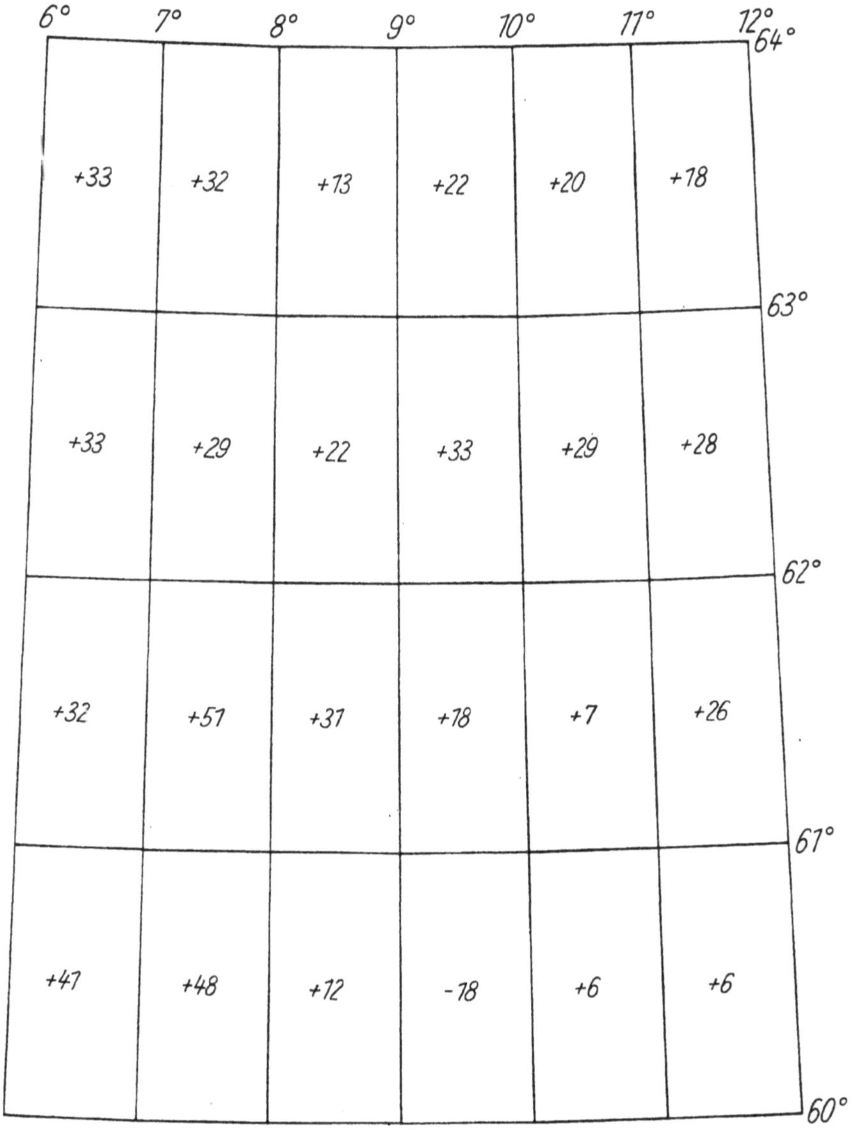
6°
7°
8°
9°
10°
11°
12°
64°
63°
62°
61°
60°
+33
+32
+13
+22
+20
+18
+33
+29
+22
+33
+29
+28
+32
+51
+37
+18
+7
+26
+41
+48
+12
-18
+6
+6

P-33

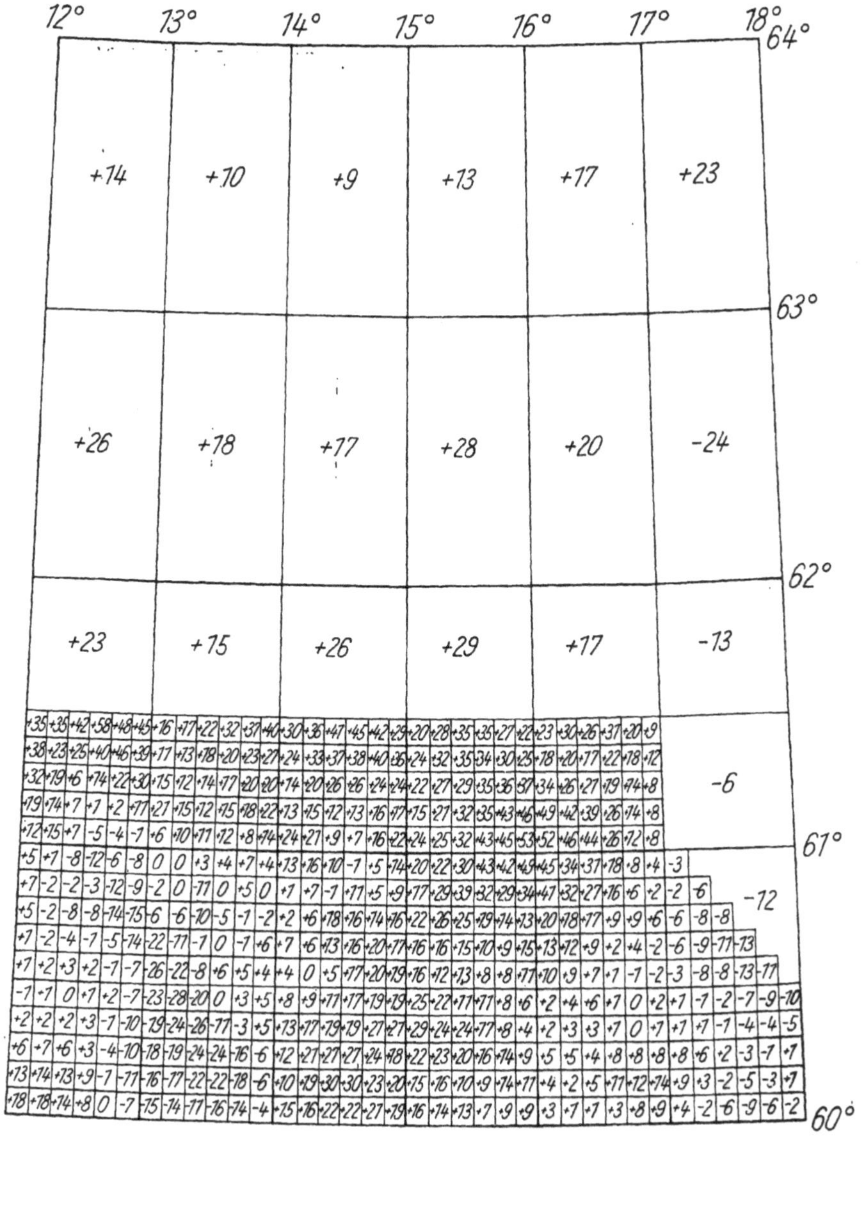
12°
13°
14°
15°
16°
17°
18°
64°
63°
62°
61°
60°
+14
+10
+9
+13
+17
+23
+26
+18
+17
+28
+20
-24
+23
+15
+26
+29
+17
-13
-6
-12

P-34

18°	19°			20°			21°			22°			23°			24°
+19	+19	+19	+19	+13	+7	-3	-17	-23	-22	-23	-21	-21	-20	-21	-21	64°
	+8	-2	-5	-6	-9	-16	-24	-25	-26	-24	-22	-21	-21	-21	-18	
	-8	-19	-25	+26	-27	-28	-28	-29	-29	-29	-26	-22	-16	-13	-13	
	-21	-28	-35	-41	-43	-43	-39	-36	-35	-31	-24	-18	-8	-9	-9	
	-31	-39	-45	-51	-53	-53	-47	-42	-36	-26	-20	-9	-8	-9	-6	63°
-26	-36	-45	-51	-53	-51	-44	-41	-36	-32	-26	-21	-16	-11	-11	-1	
	-34	-41	-44	-43	-41	-32	-23	-16	-15	-10	-7	-2	-7	-6	+4	
-20	-26	-25	-23	-19	-21	-18	-17	-9	-4	-11	-1	-1	-2	-3	+3	
	-12	-5	0	+1	-3	-5	-3	-3	-1	-3	-12	-15	-7	-2	-4	
	+2	+8	+11	+5	-3	-7	-9	-6	+1	-1	-10	-7	-6	-1	-9	62°
-6	+7	+6	+3	-6	-15	-17	-17	-14	-6	+3	+3	-1	-2	-1	-1	
	0	-3	-7	-15	-21	-24	-27	-21	-7	+5	+8	+4	+8	+7	+4	
-10	-9	-11	-12	-14	-16	-17	-24	-33	-18	+1	+10	+7	+1	+7	+10	
	-12	-12	-11	-9	-7	-5	-6	-25	-20	-16	-1	+6	+11	+12	+15	
	-11	-8	-7	-7	-4	+2	+2	-6	-18	-25	-15	+5	+9	+12	+16	61°
-16	-12	-10	-11	-10	-9	-5	0	-5	-13	-15	-6	+3	+7	+10	+25	
	-16	-16	-16	-17	-13	-13	-11	-10	-8	0	+4	+3	+5	+11	+18	
-24	-24	-25	-25	-24	-22	-17	-12	-5	0	+11	+13	+7	+12	+17	+25	
	-35	-38	-35	-30	-24	-20	-7	0	+10	+16	+11	+15	+20	+20	+30	
	-50	-54	-45	-32	-23	-15	-6	+5	+13	+10	+4	+13	+18	+20	+20	60°

P-35

24° 25° 26° 27° 28° 29° 30°

-21	-16	-9	-5	+4	+4	+5	+11	+8	+11	+9	+10	+16	+14	+14	+22	+31	+31	64°
-16	-16	-6	-1	+2	+6	+12	+16	+8	+10	+11	+13	+14	+17	+8	+15	+24	+25	
-8	-6	-7	+4	0	+4	+11	+15	+17	+15	+18	+20	+14	+14	+19	+13	+14	+19	
-6	+4	+9	+14	+17	+6	+6	+14	+17	+19	+20	+20	+19	+14	+18	+17	+14	+17	
+4	+9	+11	+12	+11	+10	+9	+2	+12	+18	+17	+19	+19	+19	+19	+20	+19	+19	63°
+7	+9	+10	+11	+12	+9	+8	+4	+6	+17	+19	+19	+24	+24	+17	+17	+15	+14	
+12	+18	+19	+12	+14	+12	+12	+17	+18	+15	+17	+21	+25	+31	+24	+19	+14	+14	
+10	+19	+19	+21	+19	+17	+14	+16	+20	+20	+17	+21	+25	+34	+29	+24	+19	+17	
+4	+11	+14	+12	+19	+14	+8	+13	+23	+25	+24	+19	+34	+45	+39	+31	+24	+21	
-3	+3	+6	+9	+13	+13	+13	+19	+25	+34	+38	+34	+24	+39	+47	+39	+31	+26	62°
-1	+4	+8	+12	+17	+15	+23	+30	+32	+36	+40	+39	+29	+26	+35	+39	+34	+29	
+9	+10	+10	+17	+22	+23	+31	+35	+32	+30	+30	+29	+28	+29	+28	+35	+38	+30	
+13	+14	+19	+21	+21	+20	+20	+10	+5	+5	+10	+12	+17	+20	+25	+34	+30	+31	
+17	+18	+21	+21	+15	+9	-6	-20	-15	-15	-10	-2	+4	+11	+16	+26	+25	+25	
+20	+17	+17	+18	+11	0	-16	-28	-22	-18	-13	-10	-2	0	0	+10	+12	+13	61°
+20	+20	+19	+15	+7	-5	-16	-22	-25	-25	-18	-19	-20	-18	-10	+2	+4	+5	
+30	+35	+25	+8	0	-18	-27	-25	-25	-27	-30	-26	-25	-23	-19	-15	-5	+4	
+33	+38	+22	+5	+7	-15	-23	-23	-24	-27	-29	-28	-26	-23	-21	-14	-3	+5	
+40	+25	+8	-5	-5	-19	-20	-21	-21	-22	-23	-25	-24	-23	-21	-15	-1	+6	
+20	+5	-2	-7	-7	-8	-11	-15	-18	-18	-21	-22	-27	-21	-18	-10	0	+7	60°

P-36

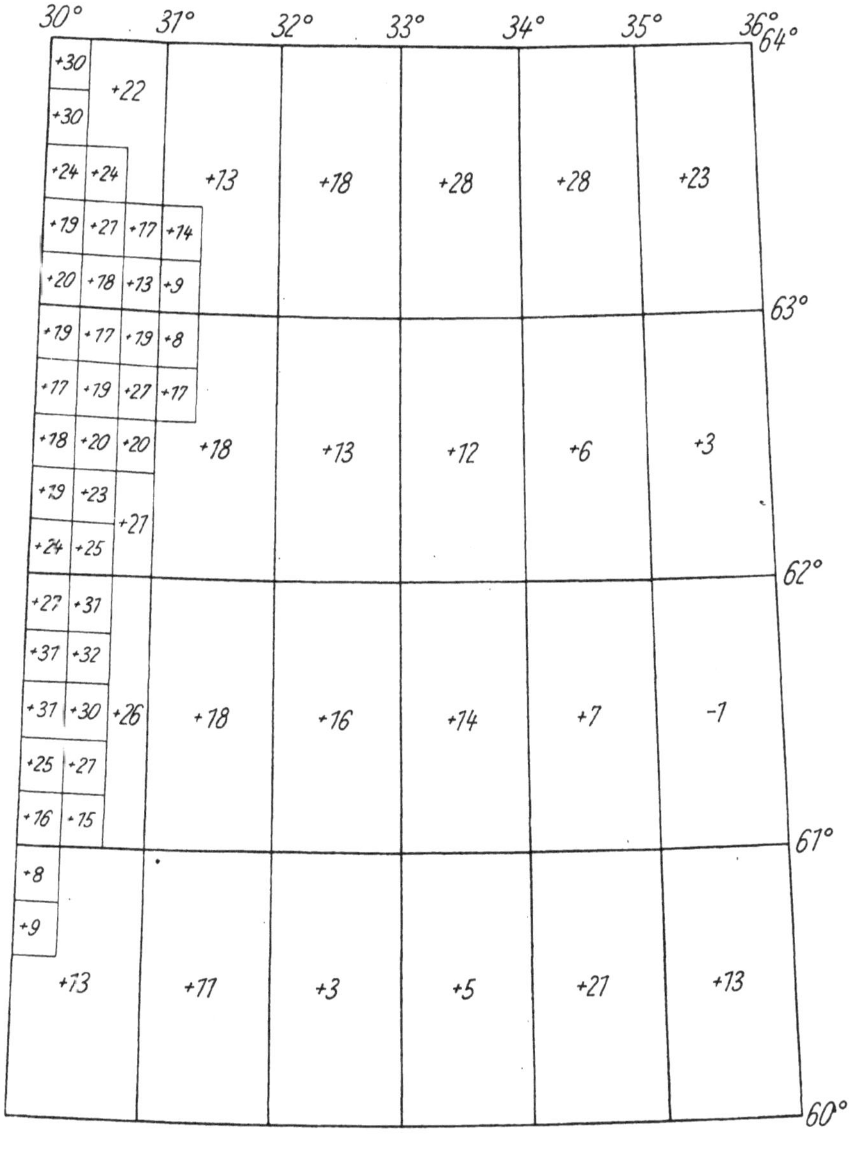
30°
31°
32°
33°
34°
35°
36°
64°
63°
62°
61°
60°
+30
+30
+22
+24
+24
+13
+18
+28
+28
+23
+19
+21
+17
+14
+20
+18
+13
+9
+19
+17
+19
+8
+17
+19
+27
+17
+18
+20
+20
+18
+13
+12
+6
+3
+19
+23
+21
+24
+25
+27
+31
+37
+32
+31
+30
+26
+18
+16
+14
+7
-1
+25
+27
+16
+15
+8
+9
+13
+11
+3
+5
+21
+13

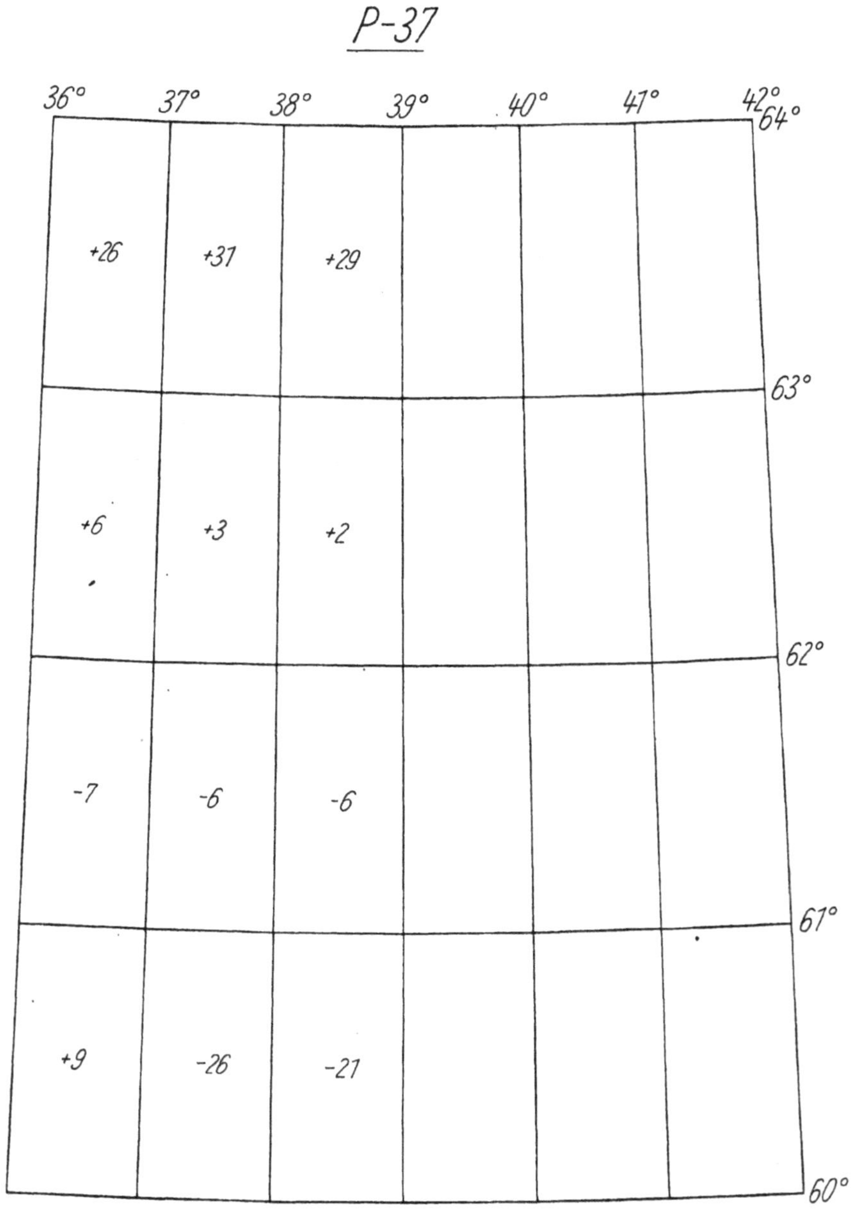
P-37
36°
37°
38°
39°
40°
41°
42°
64°
63°
62°
61°
60°
+26
+31
+29
+6
+3
+2
-7
-6
-6
+9
-26
-21

O-31

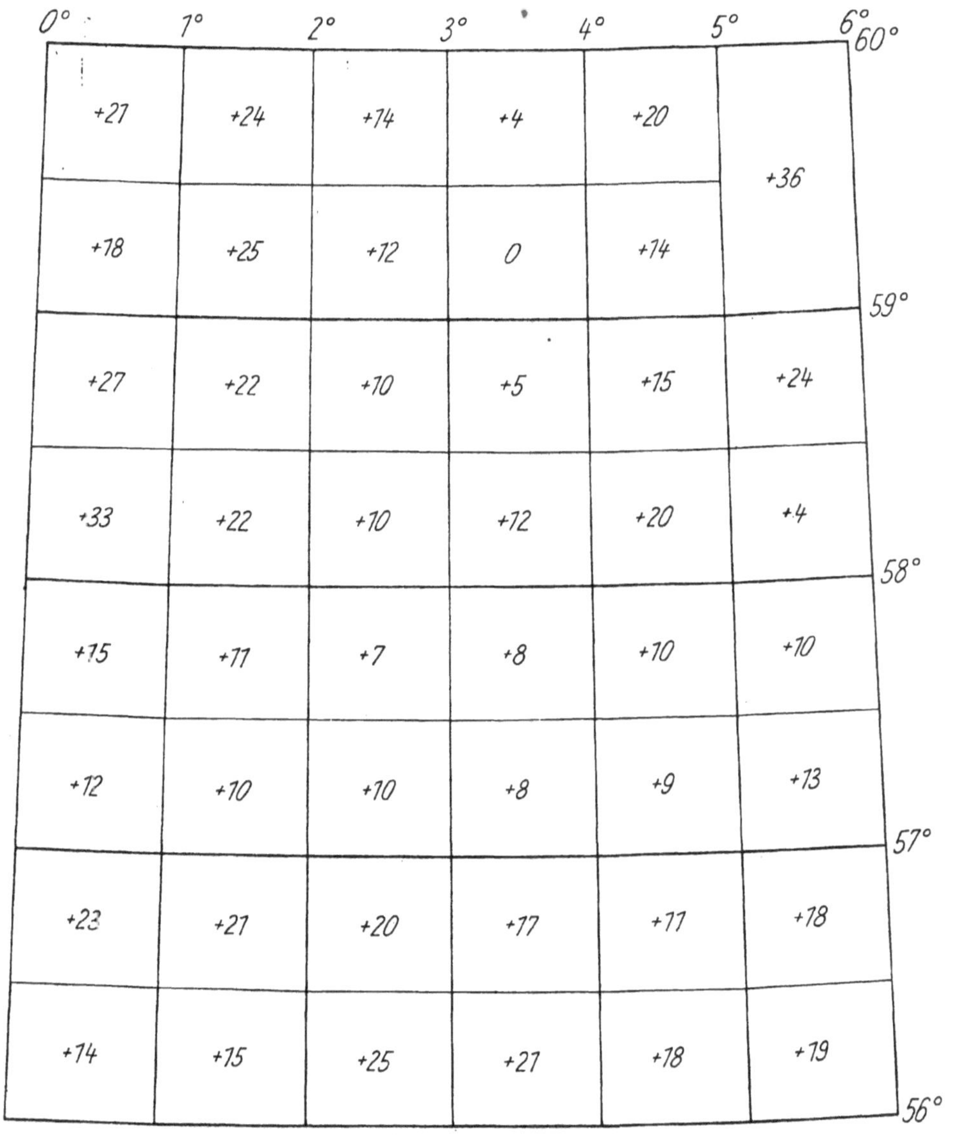
0°
1°
2°
3°
4°
5°
6°
60°
59°
58°
57°
56°
+27
+24
+14
+4
+20
+36
+18
+25
+12
0
+14
+27
+22
+10
+5
+15
+24
+33
+22
+10
+12
+20
+4
+15
+11
+7
+8
+10
+10
+12
+10
+10
+8
+9
+13
+23
+21
+20
+17
+11
+18
+14
+15
+25
+21
+18
+19

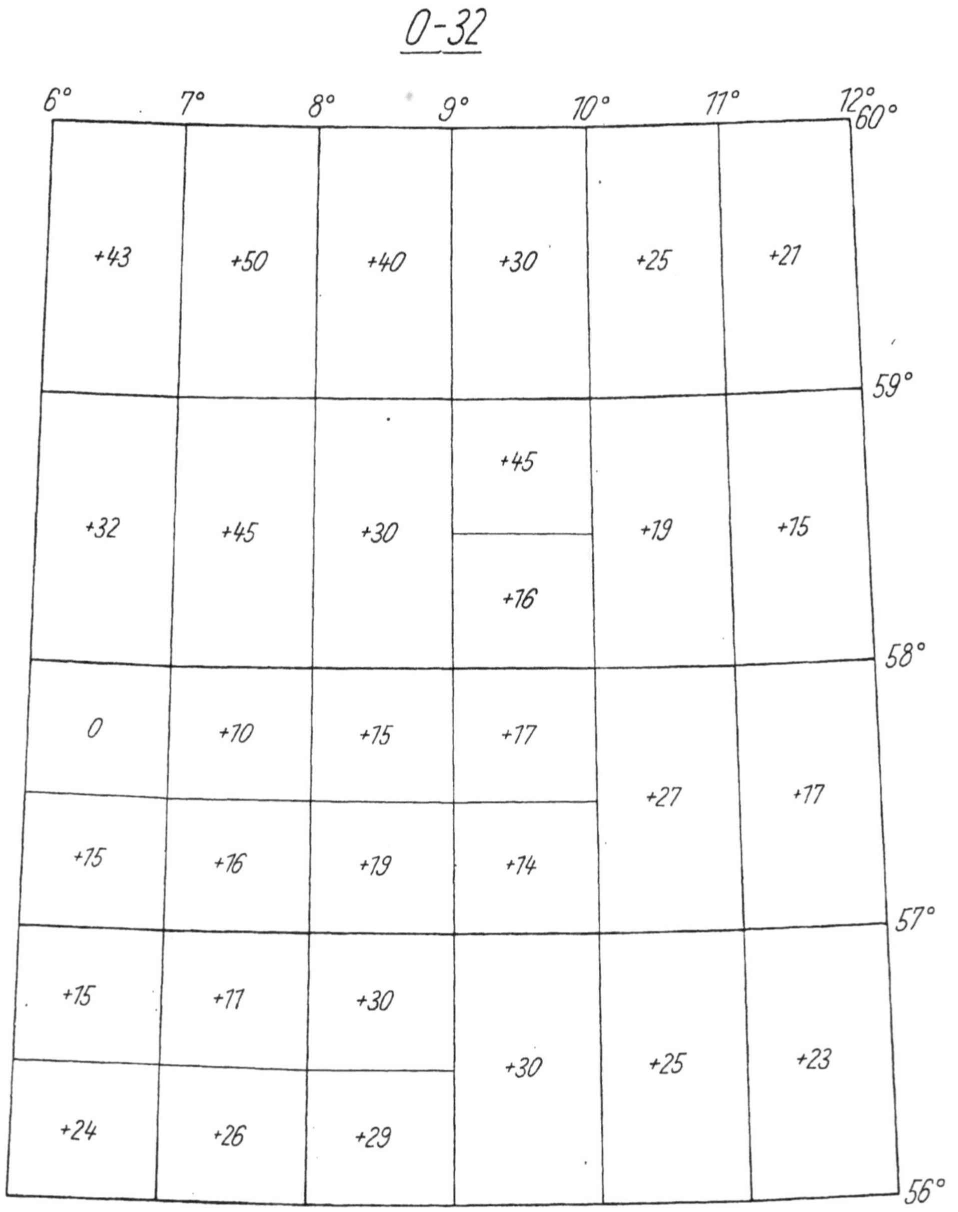
0-32
6°
7°
8°
9°
10°
11°
12°
60°
59°
58°
57°
56°
+43
+50
+40
+30
+25
+21
+32
+45
+30
+45
+16
+19
+15
0
+10
+15
+17
+27
+17
+15
+16
+19
+14
+15
+11
+30
+30
+25
+23
+24
+26
+29

0-33

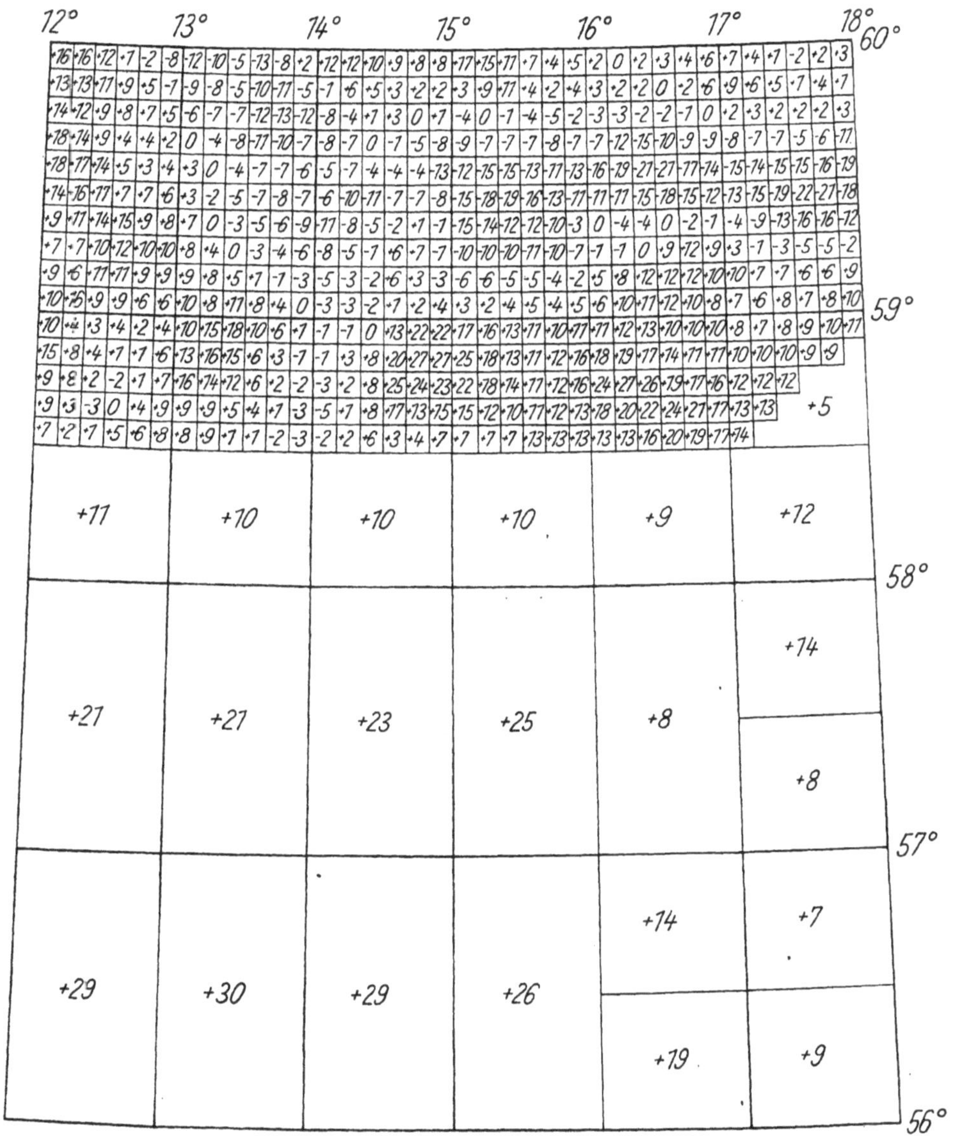
12°
13°
14°
15°
16°
17°
18°
60°
59°
58°
57°
56°
+5
+11
+10
+10
+10
+9
+12
+21
+21
+23
+25
+8
+14
+8
+29
+30
+29
+26
+14
+7
+19
+9

O-34

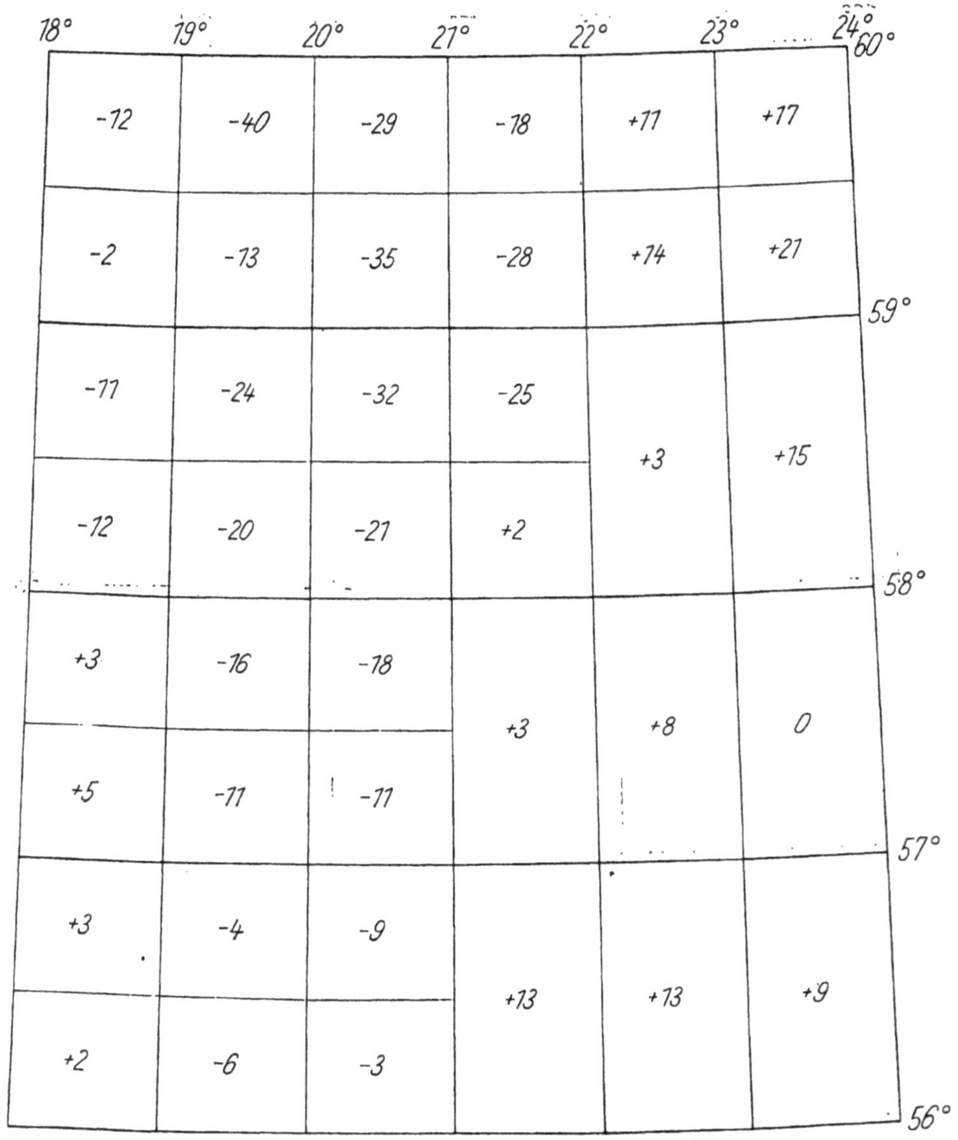
18°
19°
20°
21°
22°
23°
24°
60°
59°
58°
57°
56°
-12
-40
-29
-18
+11
+17
-2
-13
-35
-28
+14
+21
-11
-24
-32
-25
+3
+15
-12
-20
-21
+2
+3
-16
-18
+3
+8
0
+5
-11
-11
+3
-4
-9
+13
+13
+9
+2
-6
-3

O-35

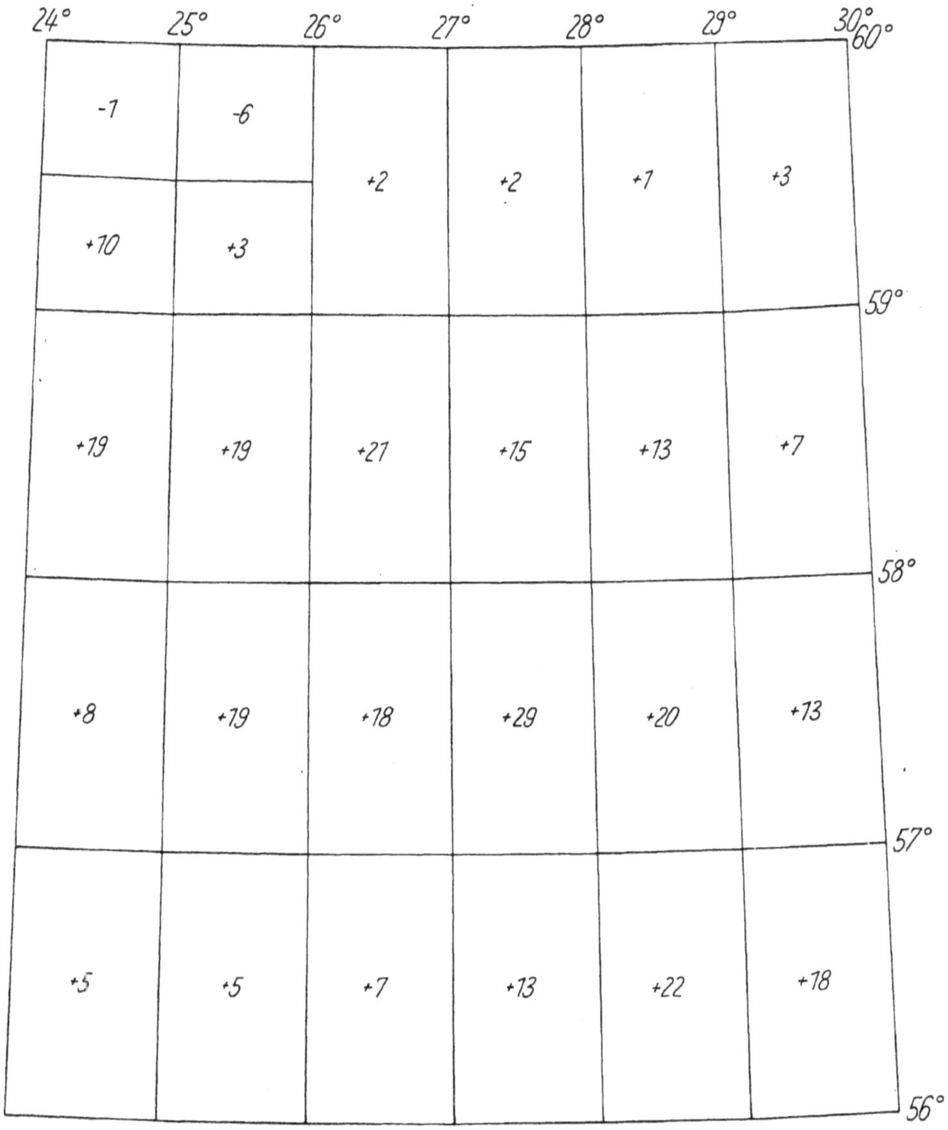
24°
25°
26°
27°
28°
29°
30°
60°
59°
58°
57°
56°
-1
-6
+10
+3
+2
+2
+1
+3
+19
+19
+21
+15
+13
+7
+8
+19
+18
+29
+20
+13
+5
+5
+7
+13
+22
+18

0-36

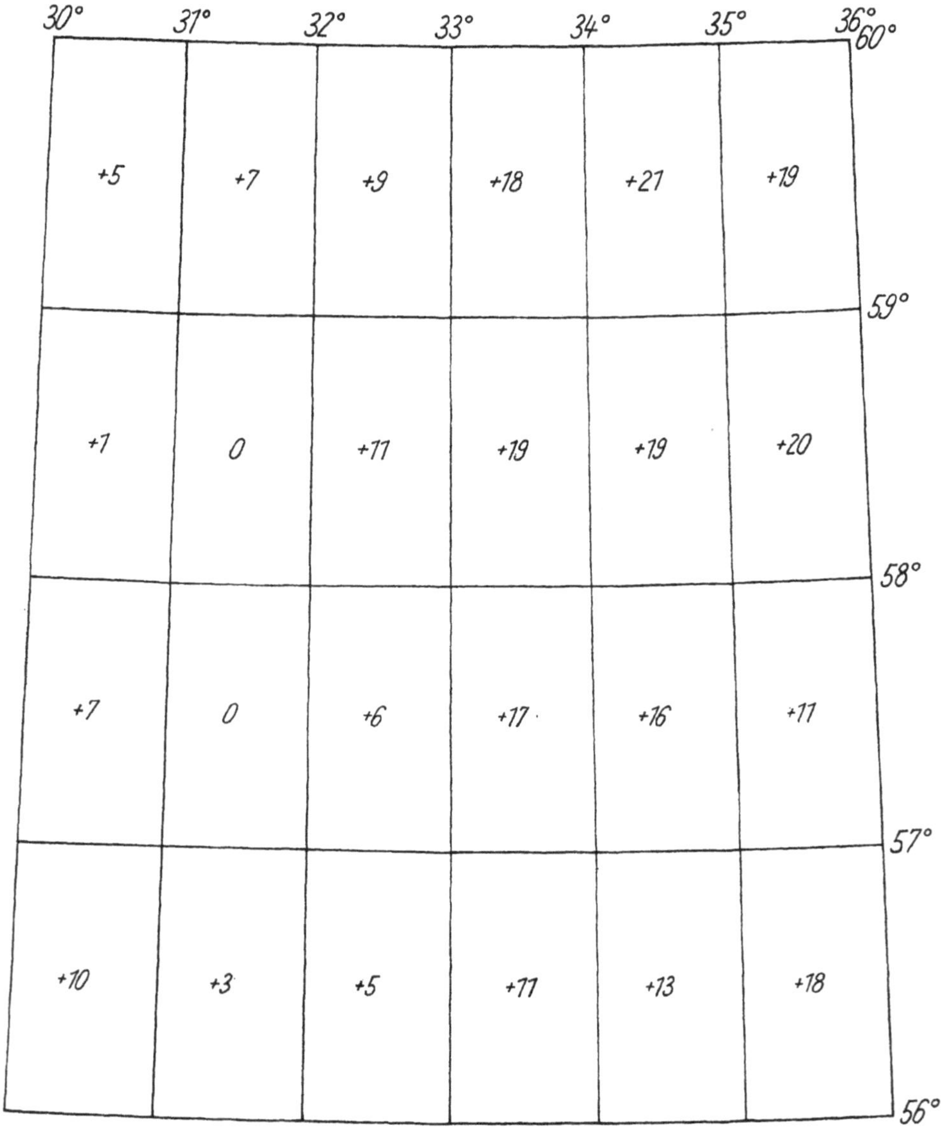
30°
31°
32°
33°
34°
35°
36°
60°
59°
58°
57°
56°
+5
+7
+9
+18
+21
+19
+1
0
+11
+19
+19
+20
+7
0
+6
+17
+16
+11
+10
+3
+5
+11
+13
+18

O-37

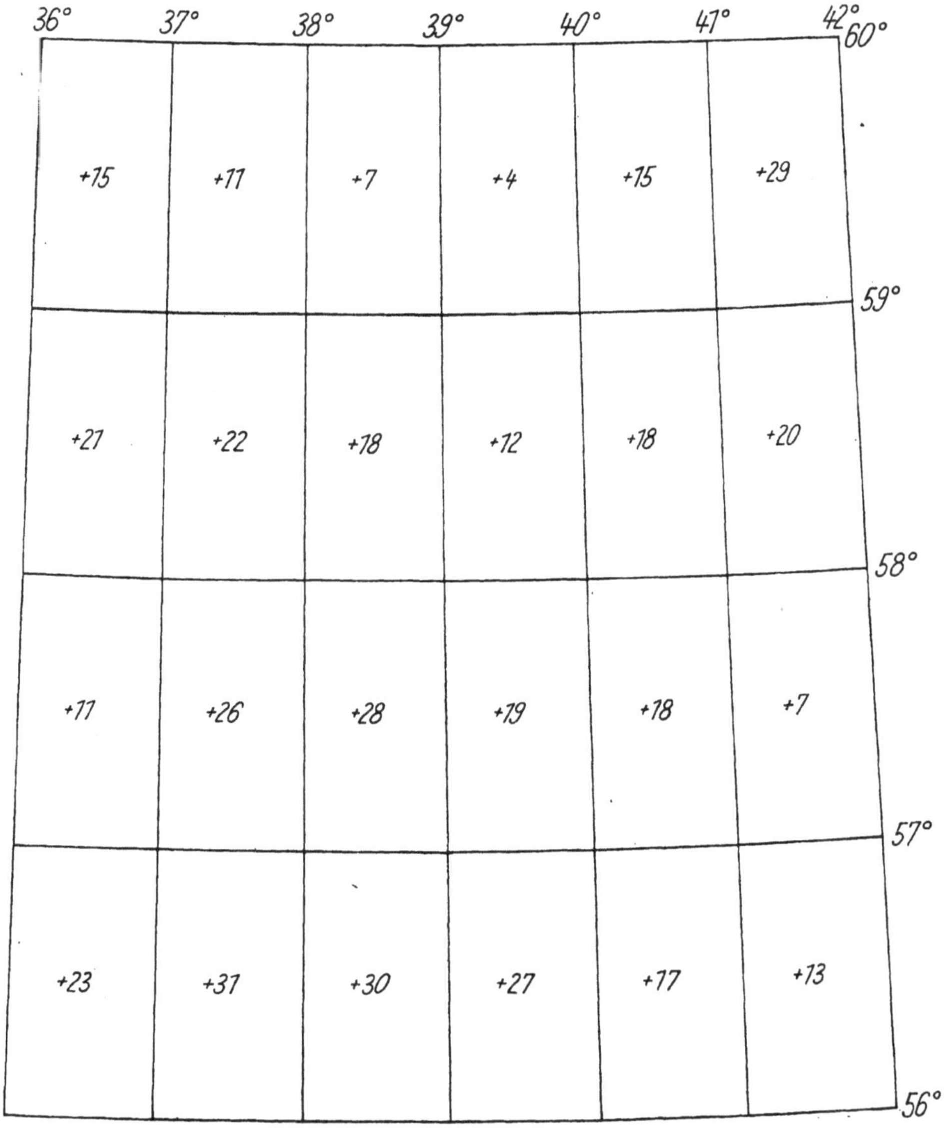
36°
37°
38°
39°
40°
41°
42°
60°
59°
58°
57°
56°
+15
+11
+7
+4
+15
+29
+21
+22
+18
+12
+18
+20
+11
+26
+28
+19
+18
+7
+23
+31
+30
+27
+17
+13

N-31

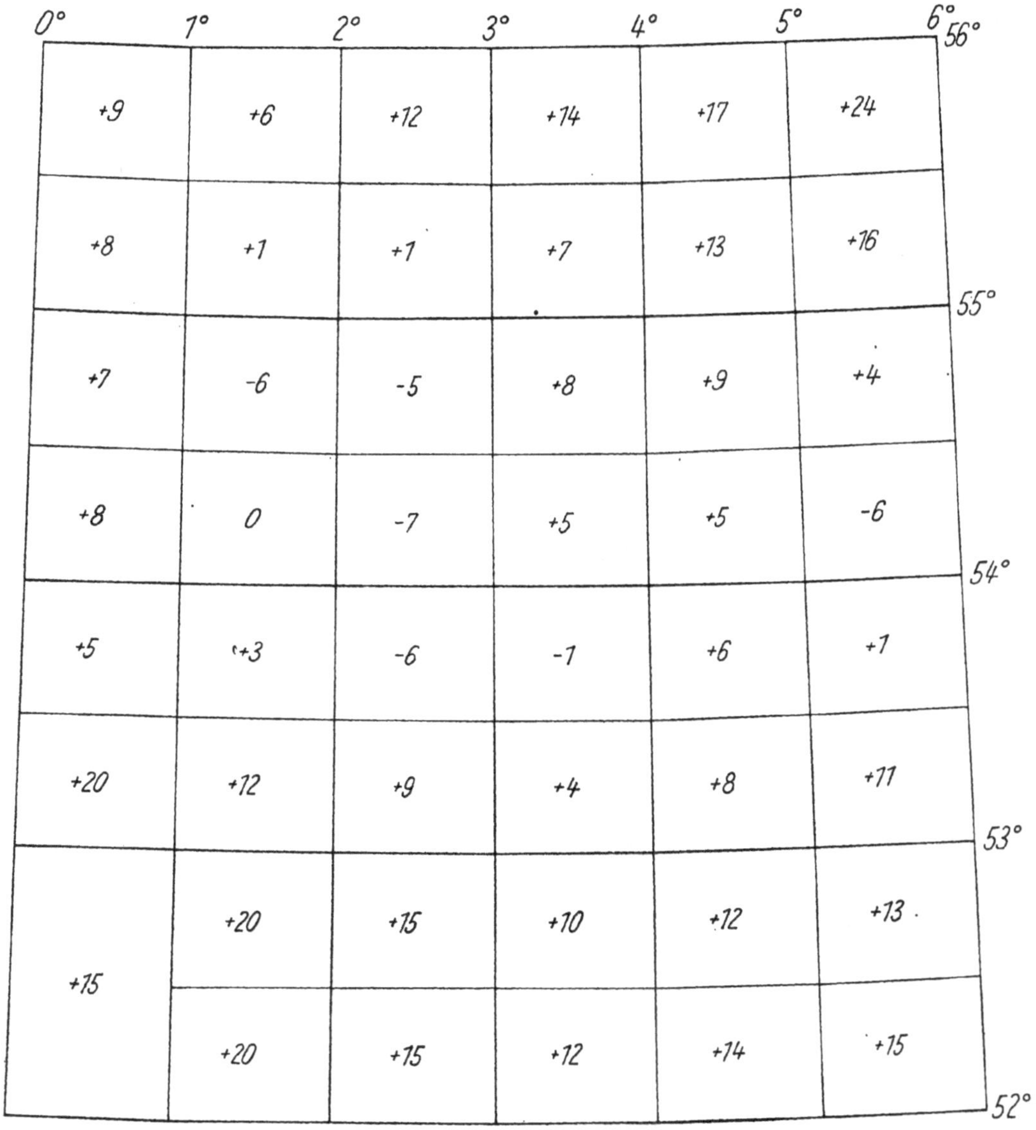
0° 1° 2° 3° 4° 5° 6°
56°
55°
54°
53°
52°
+9 +6 +12 +14 +17 +24
+8 +1 +1 +7 +13 +16
+7 -6 -5 +8 +9 +4
+8 0 -7 +5 +5 -6
+5 +3 -6 -1 +6 +1
+20 +12 +9 +4 +8 +11
+15
+20 +15 +10 +12 +13
+20 +15 +12 +14 +15

N-32

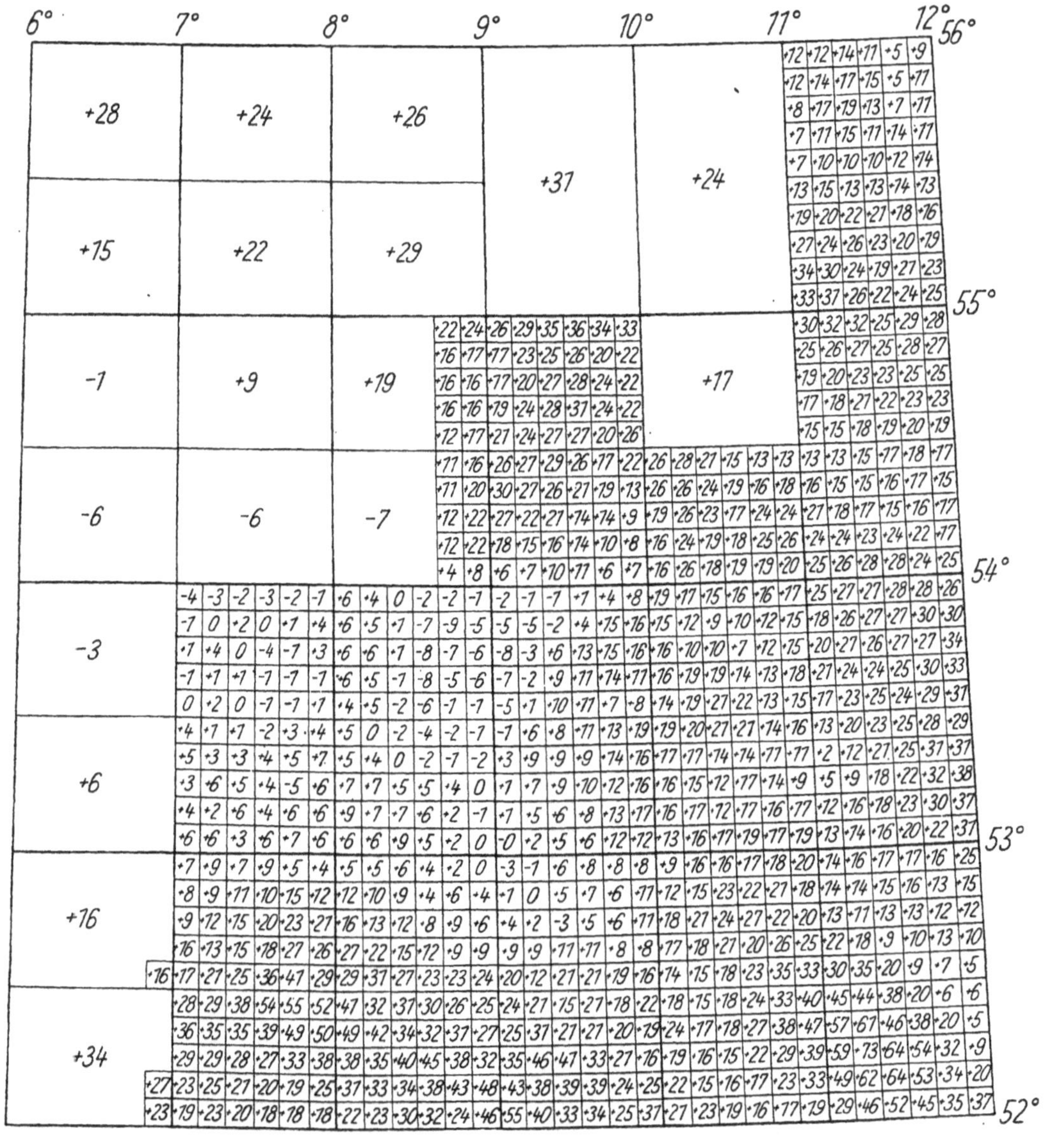
6°
7°
8°
9°
10°
11°
12°
56°
55°
54°
53°
52°
+28
+24
+26
+31
+24
+15
+22
+29
-1
+9
+19
+17
-6
-6
-7
-3
+6
+16
+34

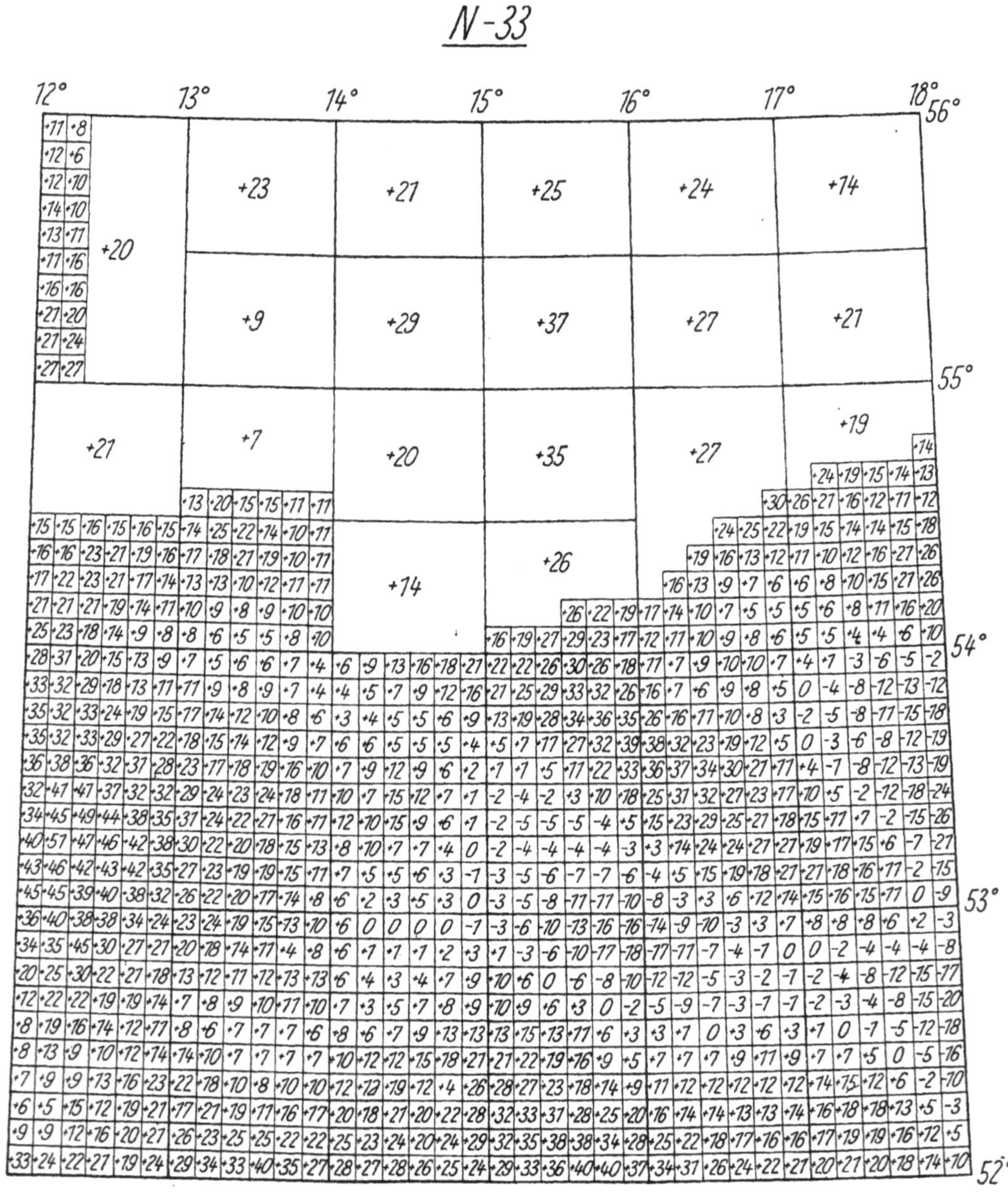
N-33
12°
13°
14°
15°
16°
17°
18°
56°
55°
54°
53°
52°

N-34

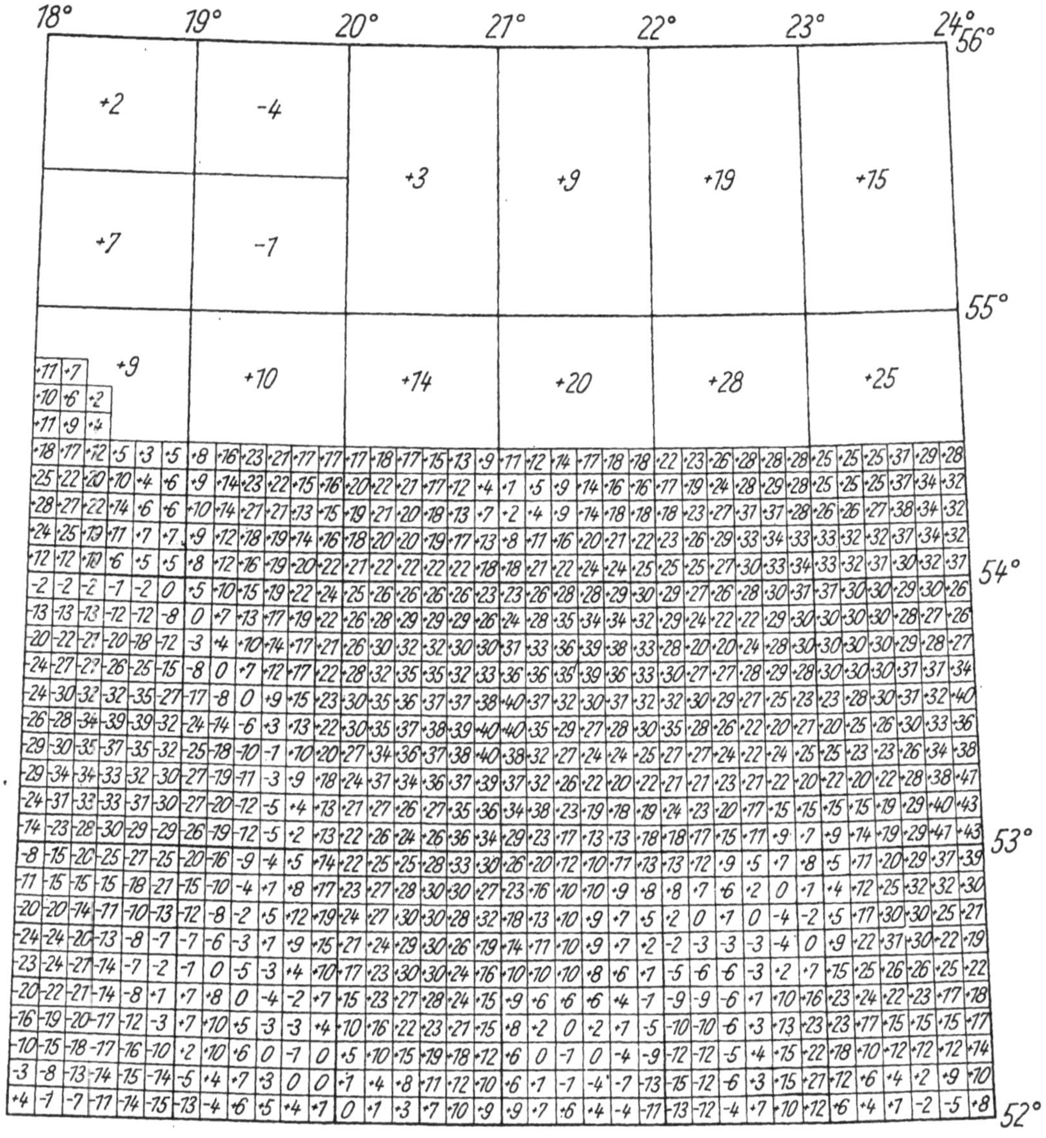

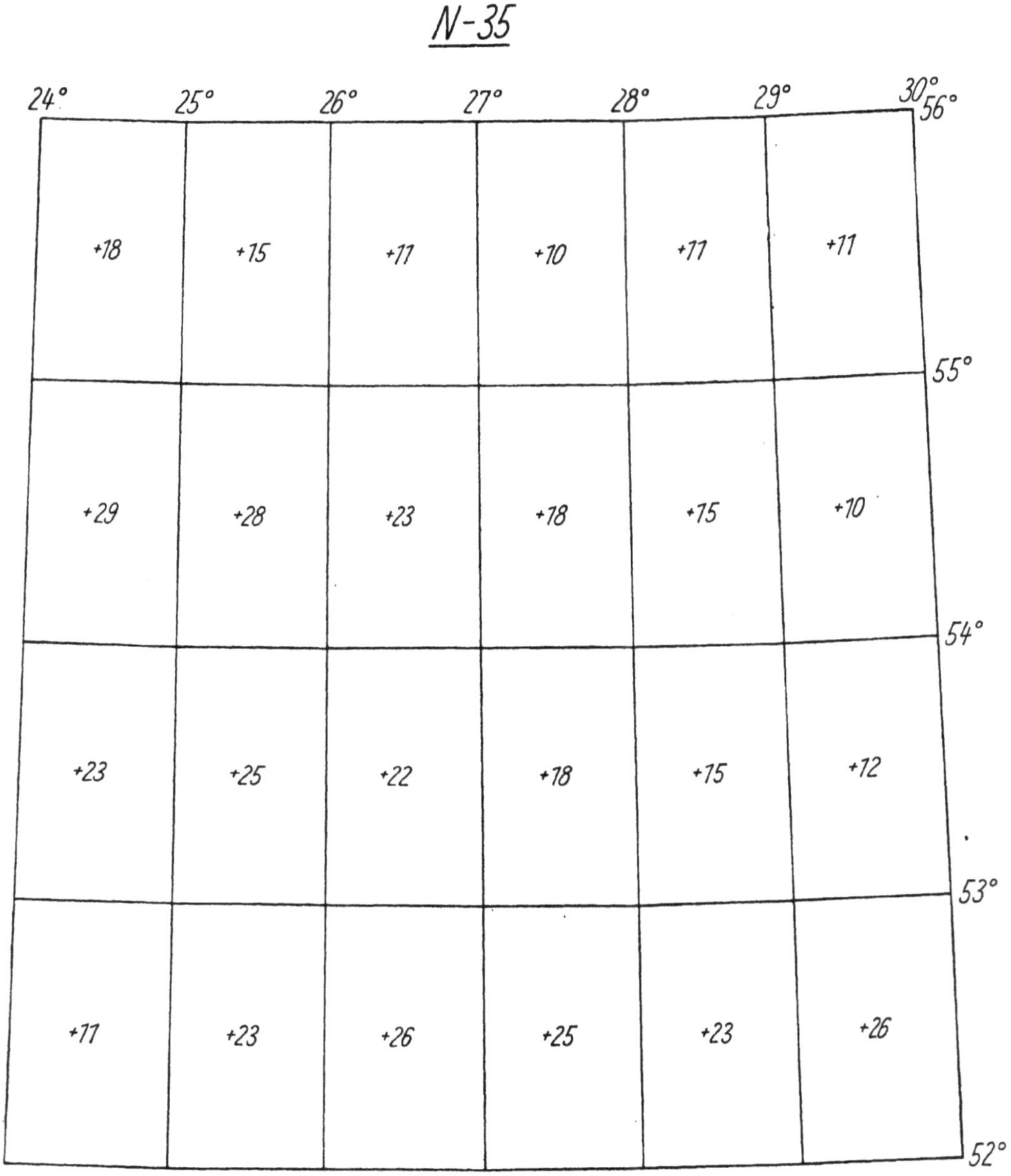
N-35
24°
25°
26°
27°
28°
29°
30°
56°
55°
54°
53°
52°
+18
+15
+11
+10
+11
+11
+29
+28
+23
+18
+15
+10
+23
+25
+22
+18
+15
+12
+11
+23
+26
+25
+23
+26

N-36

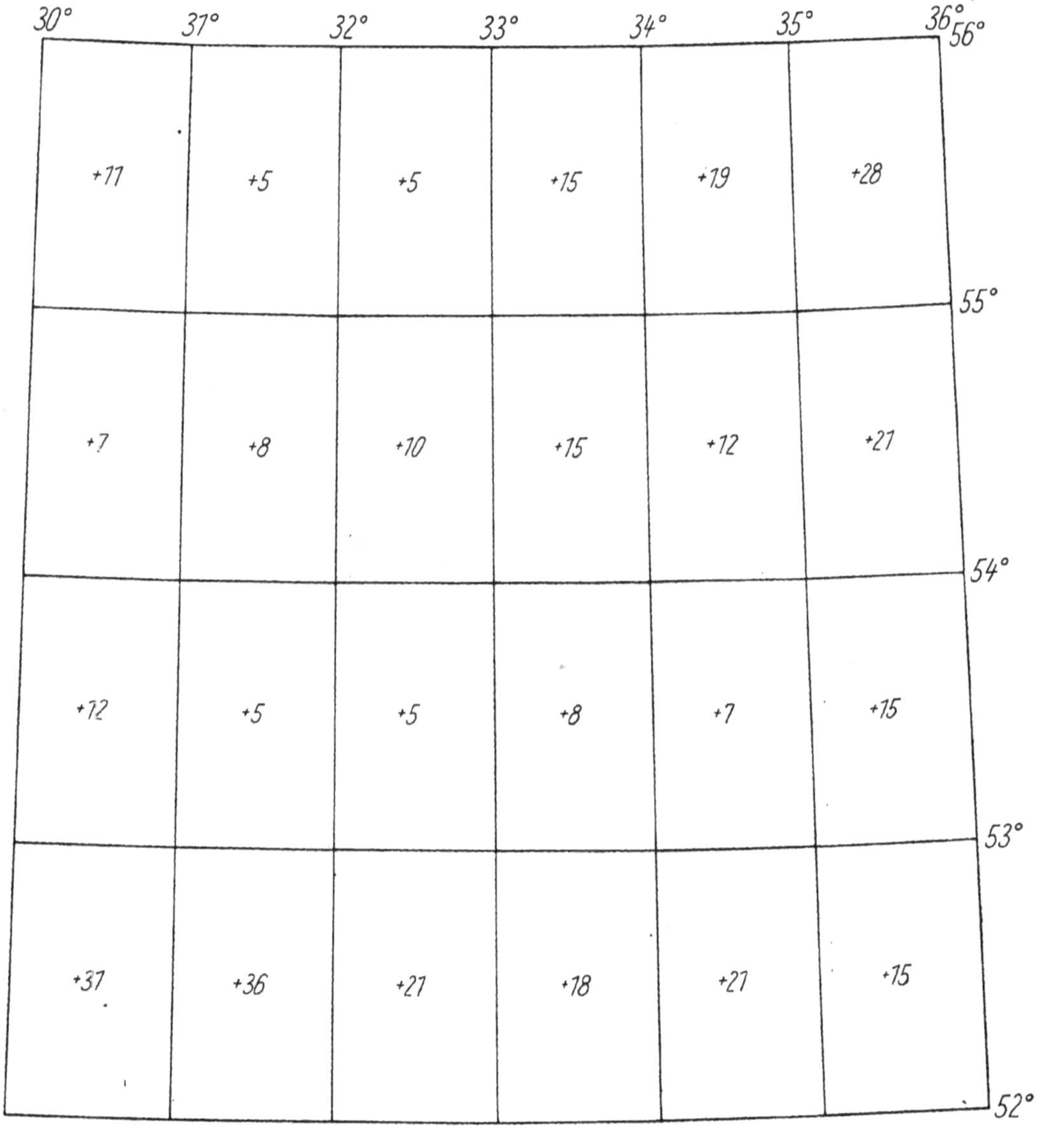
30°
31°
32°
33°
34°
35°
36°
56°
55°
54°
53°
52°
+11
+5
+5
+15
+19
+28
+7
+8
+10
+15
+12
+21
+12
+5
+5
+8
+7
+15
+31
+36
+21
+18
+21
+15

N-37

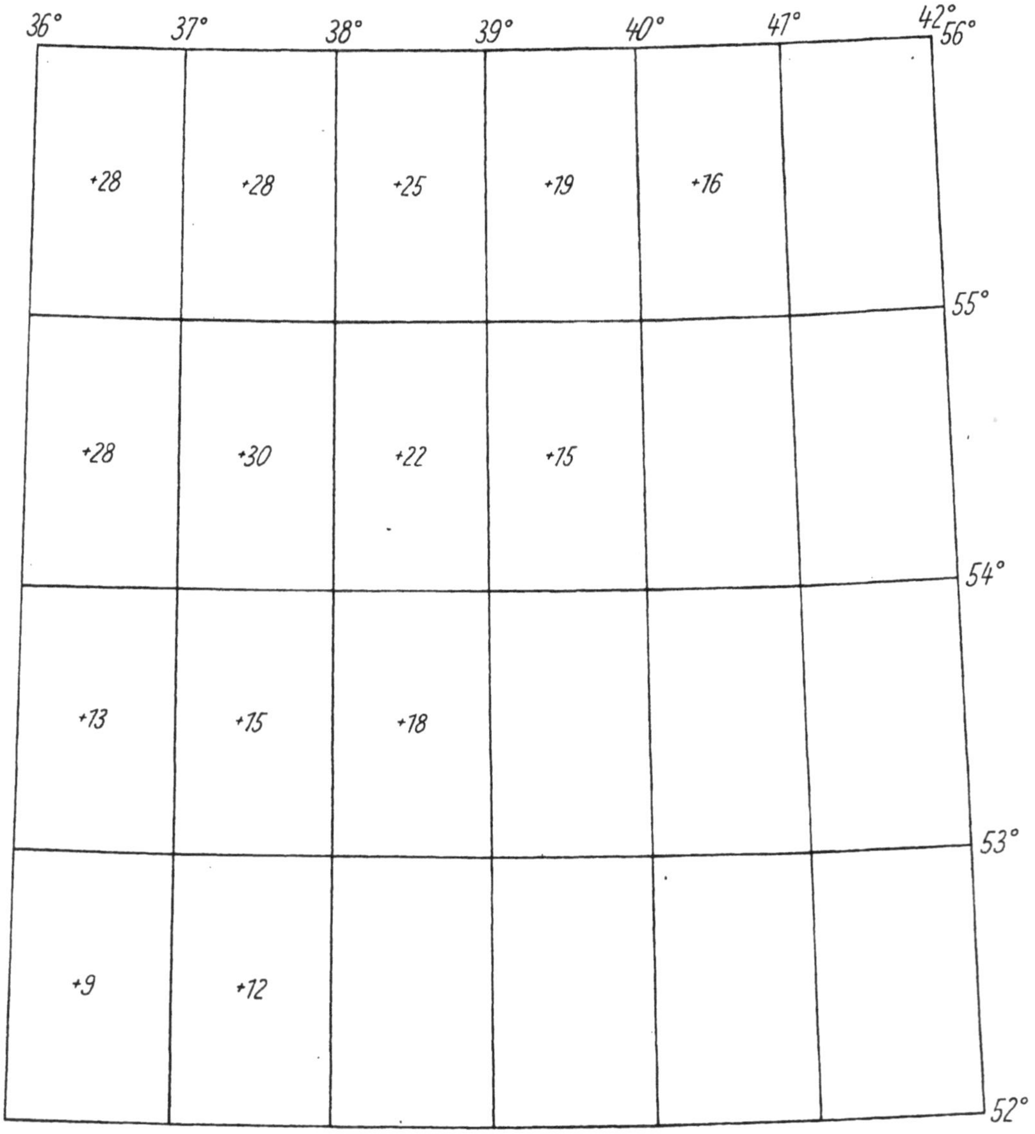
36°
37°
38°
39°
40°
41°
42°
56°
55°
54°
53°
52°
+28
+28
+25
+19
+16
+28
+30
+22
+15
+13
+15
+18
+9
+12

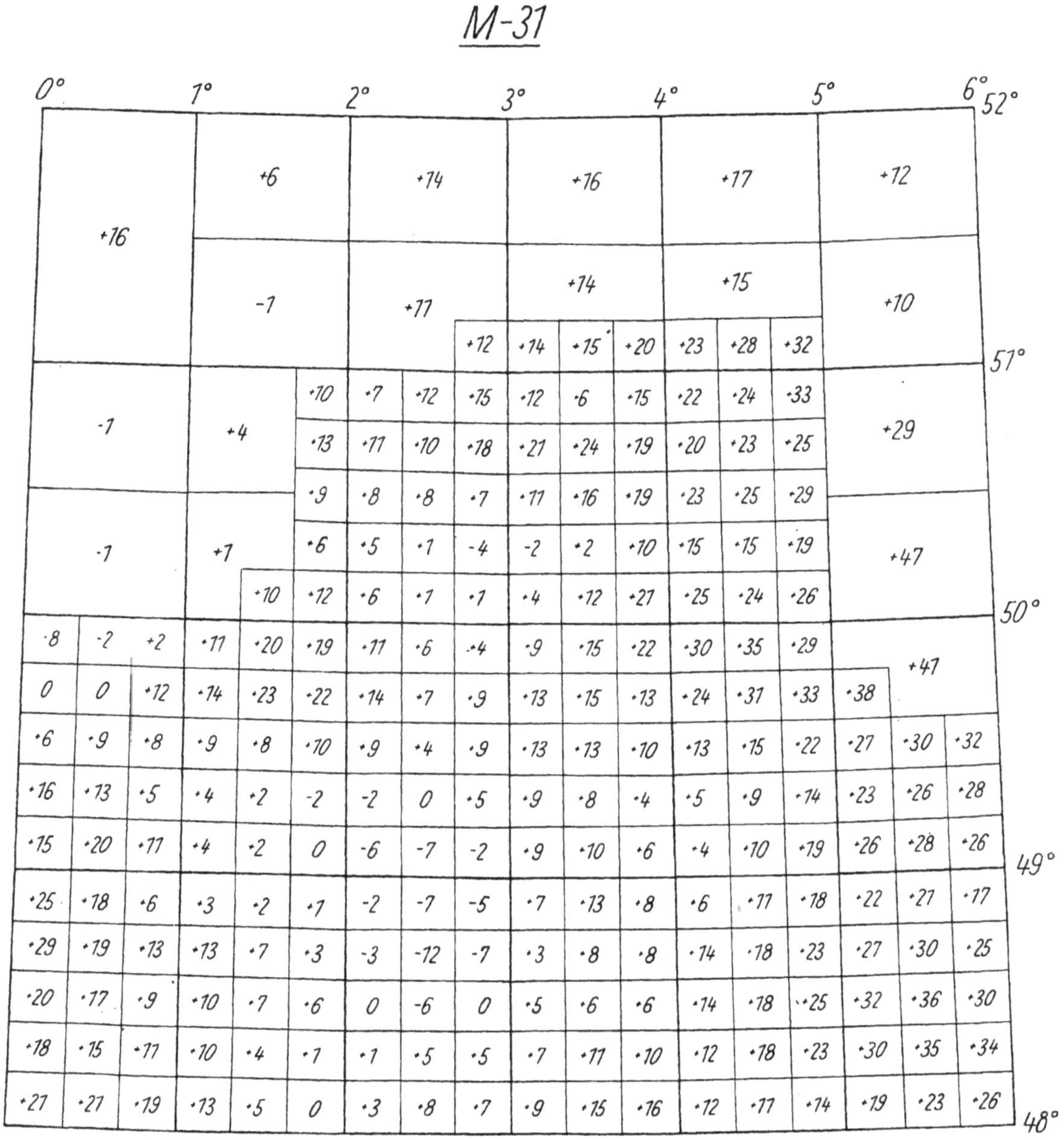
M-31
0° 1° 2° 3° 4° 5° 6°
52°
+16 +6 +14 +16 +17 +12
-1 +11 +14 +15 +10
+12 +14 +15 +20 +23 +28 +32
51°
-1 +4 +10 +7 +12 +15 +12 +6 +15 +22 +24 +33 +29
+13 +11 +10 +18 +21 +24 +19 +20 +23 +25
-1 +7 +9 +8 +8 +7 +11 +16 +19 +23 +25 +29
+6 +5 +1 -4 -2 +2 +10 +15 +15 +19 +47
+10 +12 +6 +1 +1 +4 +12 +27 +25 +24 +26
50°
+8 -2 +2 +11 +20 +19 +11 +6 +4 +9 +15 +22 +30 +35 +29 +47
0 0 +12 +14 +23 +22 +14 +7 +9 +13 +15 +13 +24 +37 +33 +38
+6 +9 +8 +9 +8 +10 +9 +4 +9 +13 +13 +10 +13 +15 +22 +27 +30 +32
+16 +13 +5 +4 +2 -2 -2 0 +5 +9 +8 +4 +5 +9 +14 +23 +26 +28
+15 +20 +11 +4 +2 0 -6 -7 -2 +9 +10 +6 +4 +10 +19 +26 +28 +26
49°
+25 +18 +6 +3 +2 +1 -2 -7 -5 +7 +13 +8 +6 +11 +18 +22 +21 +17
+29 +19 +13 +13 +7 +3 -3 -12 -7 +3 +8 +8 +14 +18 +23 +27 +30 +25
+20 +17 +9 +10 +7 +6 0 -6 0 +5 +6 +6 +14 +18 +25 +32 +36 +30
+18 +15 +11 +10 +4 +1 +1 +5 +5 +7 +11 +10 +12 +18 +23 +30 +35 +34
+27 +27 +19 +13 +5 0 +3 +8 +7 +9 +15 +16 +12 +11 +14 +19 +23 +26
48°

M-32

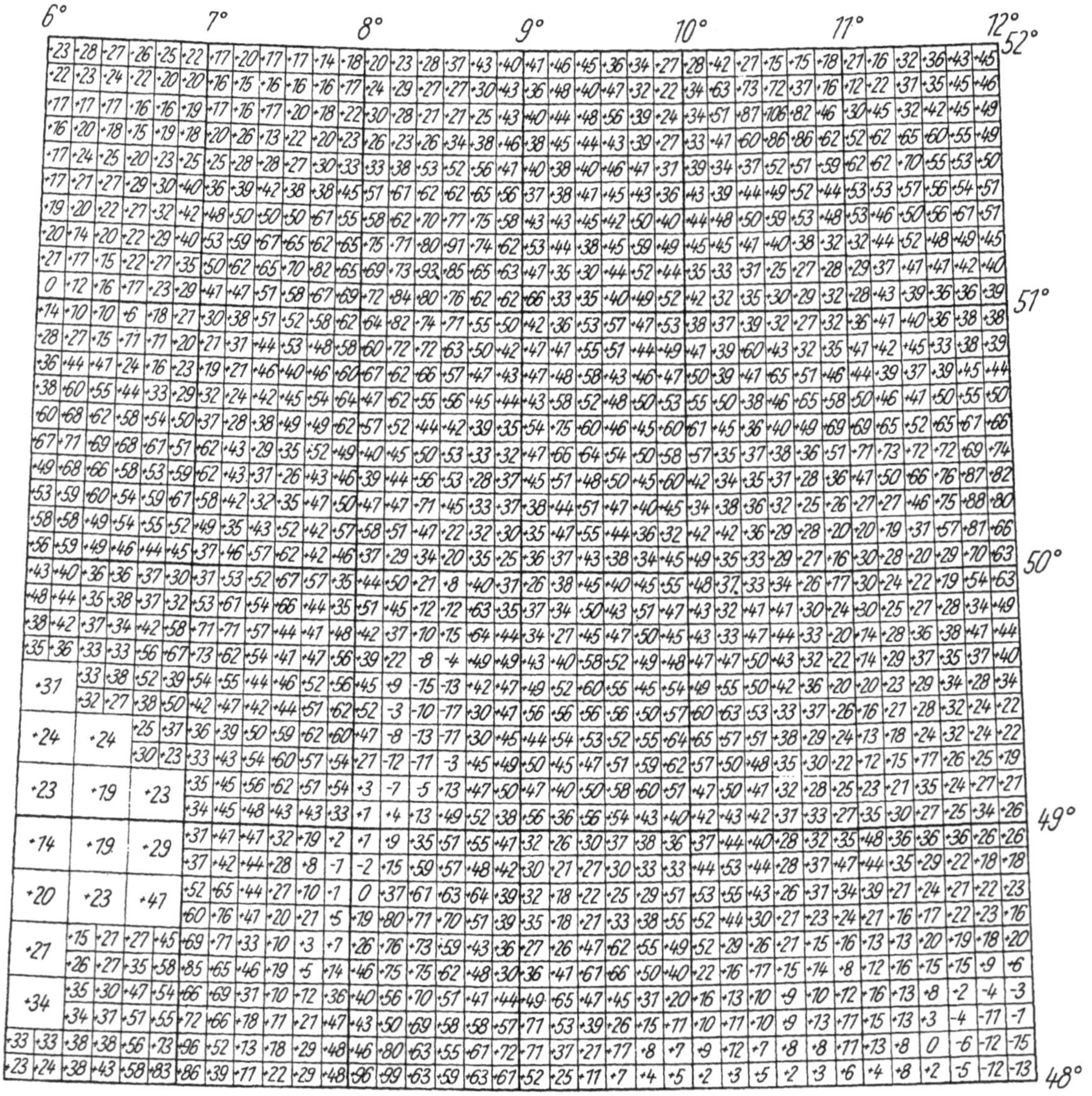

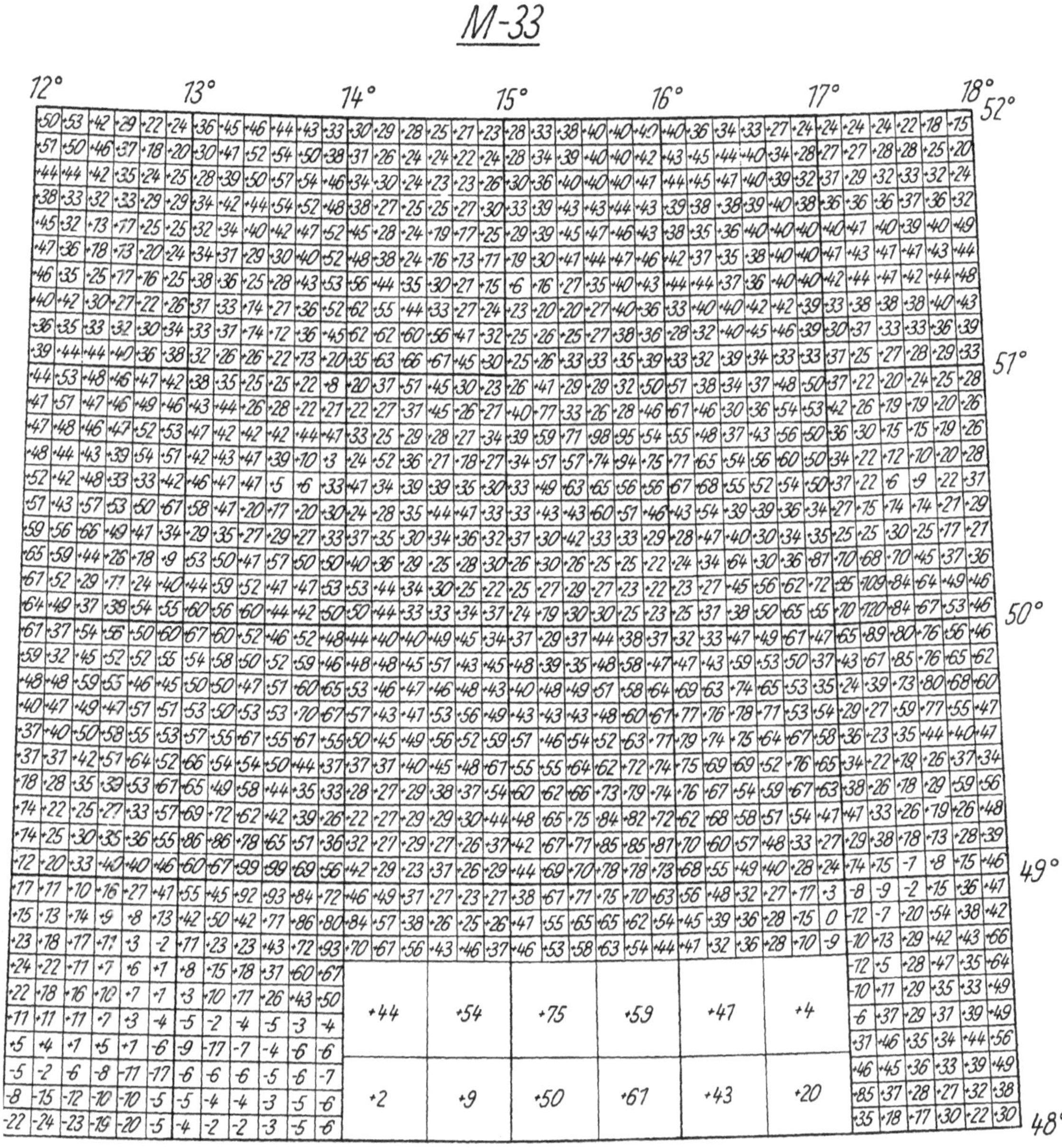
M-33
12°
13°
14°
15°
16°
17°
18°
52°
51°
50°
49°
48°

M-34

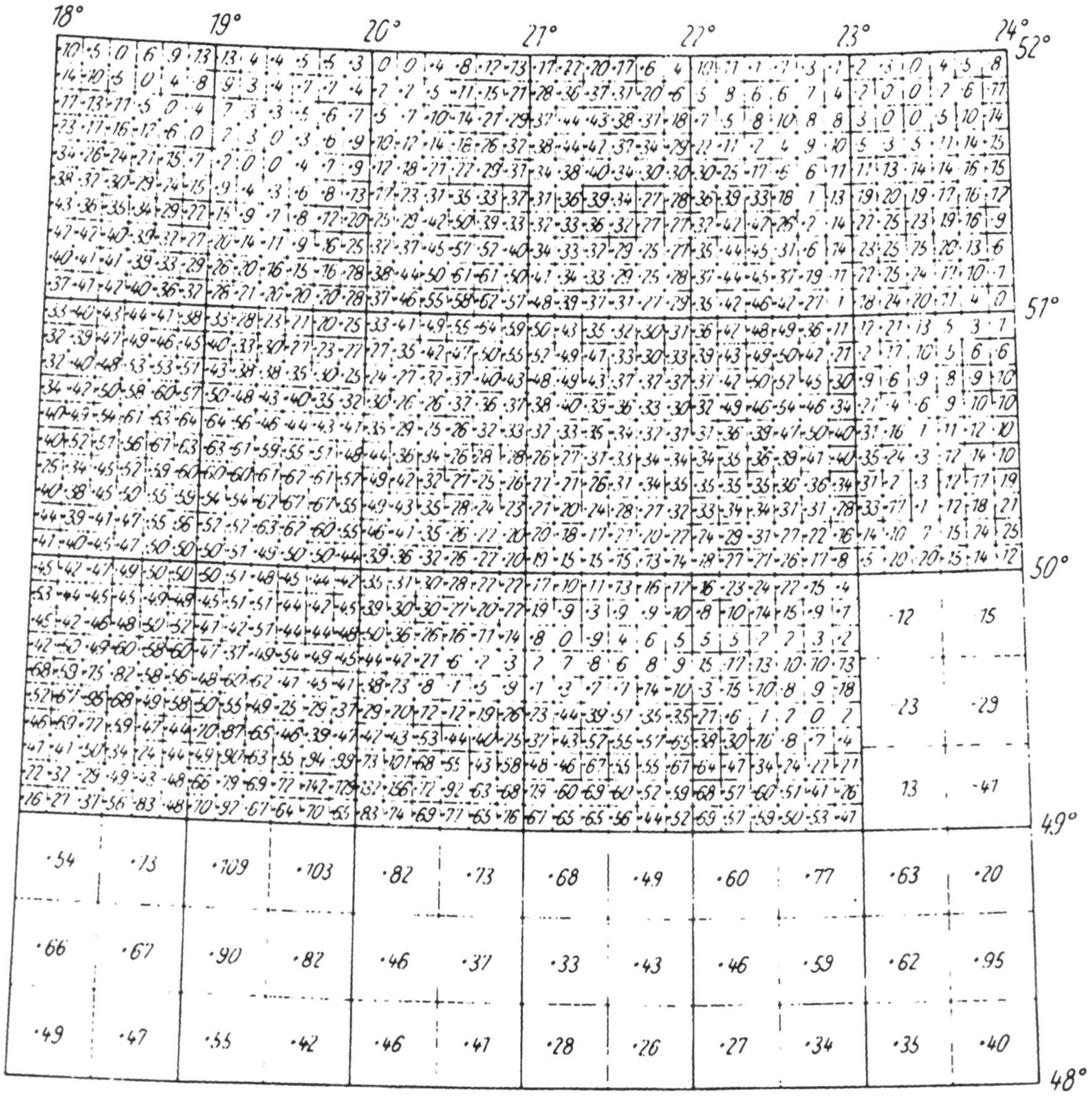

M-35

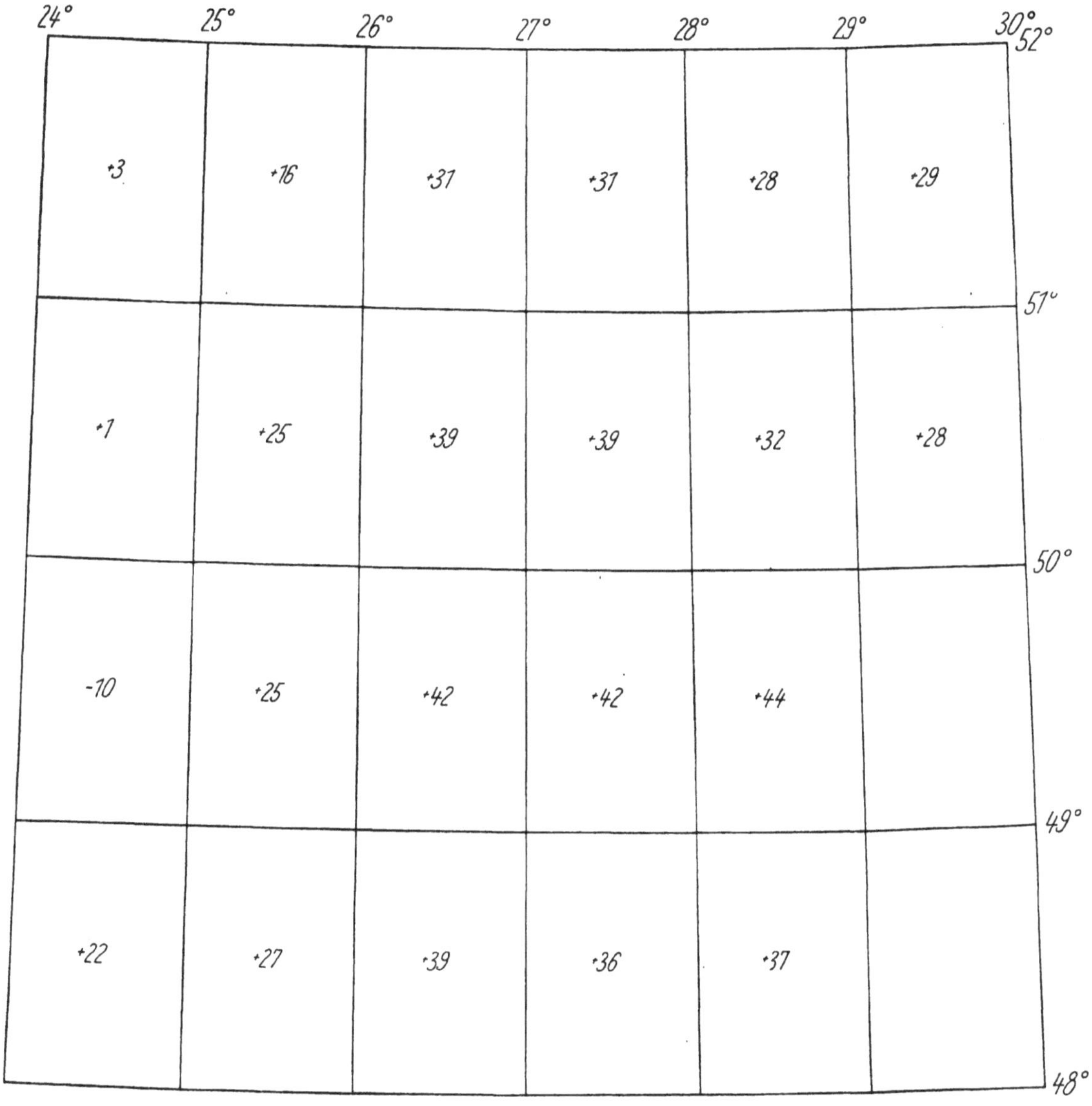
24°
25°
26°
27°
28°
29°
30°
52°
51°
50°
49°
48°
+3
+16
+31
+31
+28
+29
+1
+25
+39
+39
+32
+28
-10
+25
+42
+42
+44
+22
+27
+39
+36
+37

M-36
30°
31°
32°
33°
34°
35°
36°
52°
51°
50°
49°
48°
+49
+50
+21
+19
+17
+74
+25
+29
+15
+16
+17

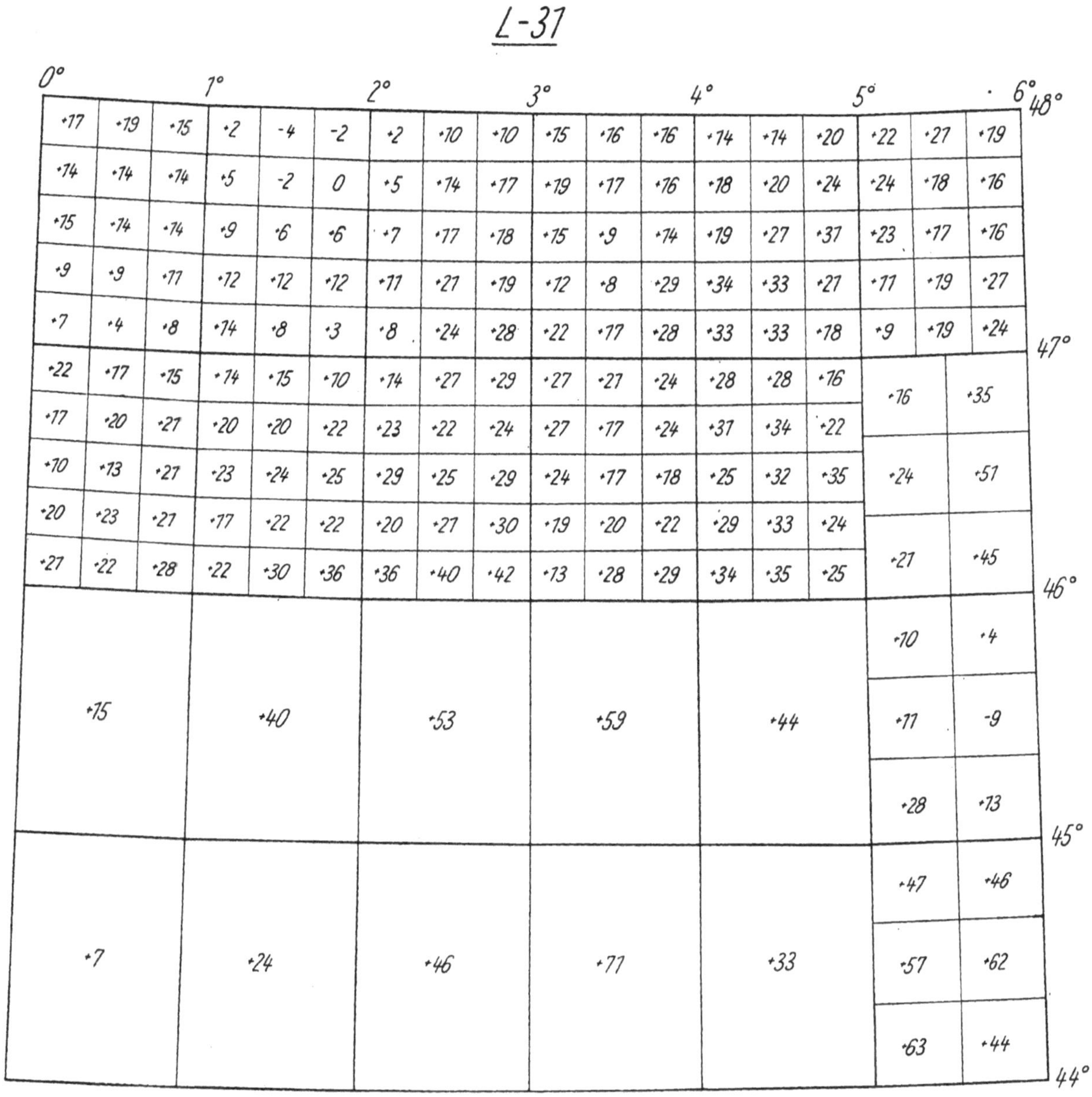
L-31
0° 1° 2° 3° 4° 5° 6°
48° 47° 46° 45° 44°
+17 +19 +15 +2 -4 -2 +2 +10 +10 +15 +16 +16 +14 +14 +20 +22 +27 +19
+14 +14 +14 +5 -2 0 +5 +14 +17 +19 +17 +16 +18 +20 +24 +24 +18 +16
+15 +14 +14 +9 +6 +6 +7 +17 +18 +15 +9 +14 +19 +27 +37 +23 +17 +16
+9 +9 +11 +12 +12 +12 +11 +21 +19 +12 +8 +29 +34 +33 +21 +11 +19 +27
+7 +4 +8 +14 +8 +3 +8 +24 +28 +22 +17 +28 +33 +33 +18 +9 +19 +24
+22 +17 +15 +14 +15 +10 +14 +27 +29 +27 +27 +24 +28 +28 +16 +16 +35
+17 +20 +27 +20 +20 +22 +23 +22 +24 +27 +17 +24 +37 +34 +22
+10 +13 +27 +23 +24 +25 +29 +25 +29 +24 +17 +18 +25 +32 +35 +24 +51
+20 +23 +27 +17 +22 +22 +20 +27 +30 +19 +20 +22 +29 +33 +24
+27 +22 +28 +22 +30 +36 +36 +40 +42 +13 +28 +29 +34 +35 +25 +21 +45
+15 +40 +53 +59 +44 +10 +4
+11 -9
+28 +13
+7 +24 +46 +71 +33 +47 +46
+57 +62
+63 +44

L-32

	6°–7°		7°–8°		8°–9°		9°–10°		10°–11°		11°–12°	
48°	+17	+53	+48	+52	+69	+36	+2	-6	+8	+5	-9	-16
	+24	+34	+31	+30	+13	-8	-28	-26	+38	+47	+28	+13
	+52	+66	+26	+14	-12	-14	+6	+27	+87	+60	+25	+44
47°	+71	+30	+19	+26	+37	+59	+46	+42	+70	+82	+63	+53
	+46	+13	+62	+70	+92	+51	+51	+90	+85	+72	+3	+103
	+22	+51	+74	+115	+78	+61	+30	+82	+86	+92	+33	+111
46°	+10	+52	+86	+102	+97	+15	+13	+43	+68	+84	+108	+54
	+21	+79	+93	+76	-7	-50	-39	-27	+17	+38	+52	+11
	+63	+103	+49	+21	-72	-87	-77	-92	-67	-17	+10	+24
45°	+100	+111	+87	-9	-68	-71	-39	-71	-106	-77	-28	-2
	+63	+132	+50	+36	+14	+37	+40	+4	-46	-87	-73	-55
	+59	+111	+42	+98	+76	+15	+21	+62	+46	+7	-1	-33
44°												

L-33

12° 13° 14° 15° 16° 17° 18°

48° 47° 46° 45° 44°

-25	-75	-2	+27	+44	+38	+66	+71	+32	+31	+18	+17
-10	+27	+39	+49	+64	+70	+53	+76	+61	+36	+27	+35
+68	+76	+83	+65	+73	+91	+39	+37	+37	+33	+38	+60
+93	+72	+49	+60	+79	+53	+43	+17	+29	+25	+47	+45
+142	+95	+68	+77	+47	+62	+59	+31	+27	+25	+27	+25
+101	+15	-2	+52	+59	+57	+56	+49	+29	+28	+23	+23
-23	-33	-17	+27	+46	+6	+10	+20	+16	+32	+30	+19
-12	-7	+6	+23	+37	+28	+16	+6	+8	+39	+59	+60
+8	+7	+20	+38	-13	-8	+51	+23	+23	+28	+28	+37
-13	-12	+10	+30	-4	+7	+82	+71	+54	+35	+30	+27
-67	-47	-15	+16	+27	+27	+43	+78	+75	+76	+69	+70
-68	-67	-37	-9	-4	+2	+78	+49	+58	+97	+85	+80

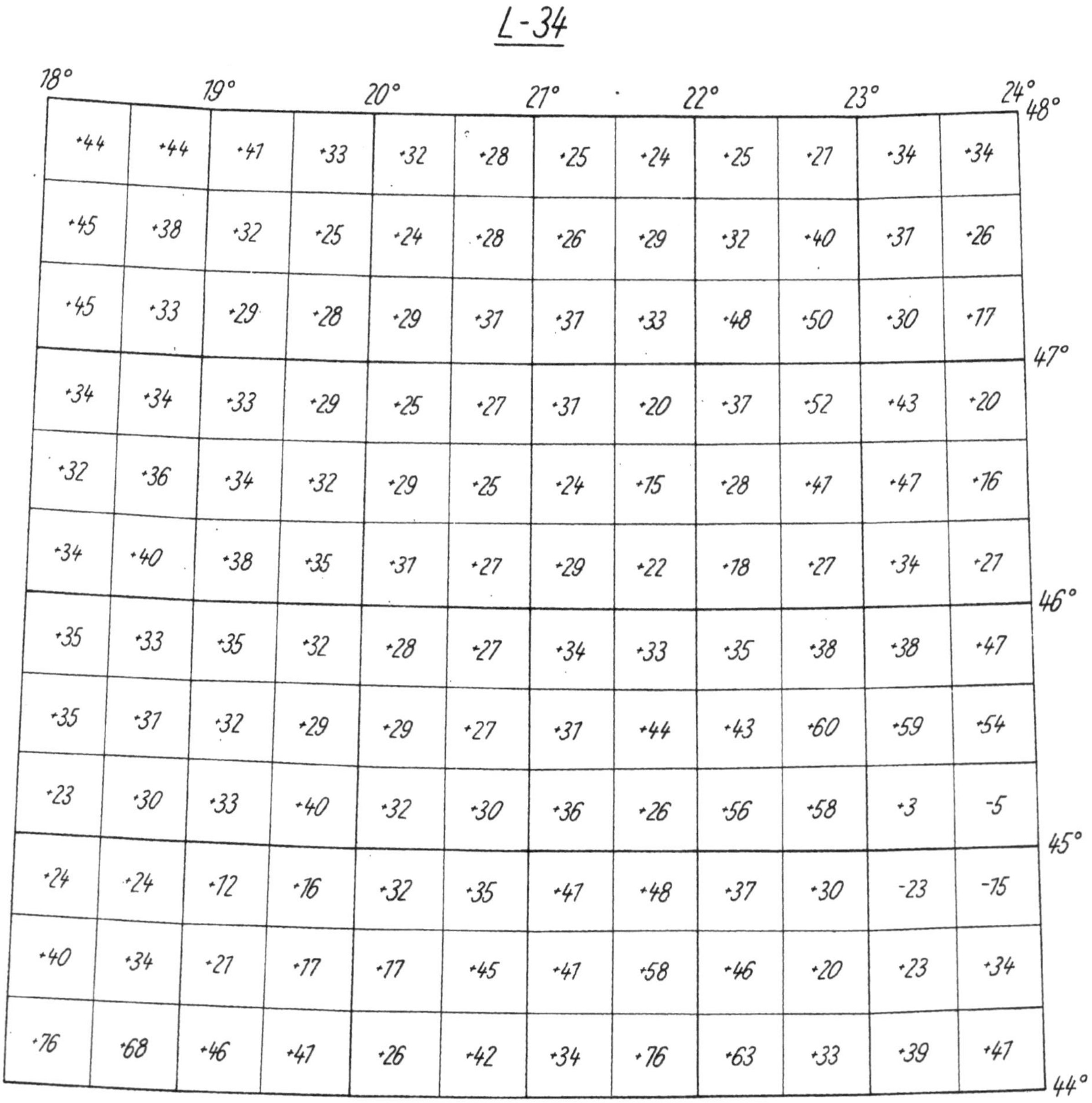
L-34
18° 19° 20° 21° 22° 23° 24°
48°
+44 +44 +41 +33 +32 +28 +25 +24 +25 +27 +34 +34
+45 +38 +32 +25 +24 +28 +26 +29 +32 +40 +37 +26
+45 +33 +29 +28 +29 +31 +37 +33 +48 +50 +30 +17
47°
+34 +34 +33 +29 +25 +27 +31 +20 +37 +52 +43 +20
+32 +36 +34 +32 +29 +25 +24 +15 +28 +47 +47 +16
+34 +40 +38 +35 +31 +27 +29 +22 +18 +27 +34 +27
46°
+35 +33 +35 +32 +28 +27 +34 +33 +35 +38 +38 +47
+35 +37 +32 +29 +29 +27 +31 +44 +43 +60 +59 +54
+23 +30 +33 +40 +32 +30 +36 +26 +56 +58 +3 -5
45°
+24 +24 +12 +16 +32 +35 +47 +48 +37 +30 -23 -15
+40 +34 +21 +17 +17 +45 +41 +58 +46 +20 +23 +34
+76 +68 +46 +41 +26 +42 +34 +76 +63 +33 +39 +47
44°

L-35

24° 25° 26° 27° 28° 29° 30°

+50	+45	+10	-3	+15	+31	+37	+33			48°
+37	+49	+36	-7	+3	+21	+27	+33	+48		
+27	+45	+57	+20	-3	+11	+25	+33			
+23	+42	+72	+45	+5	+3	+23	+30			47°
+22	+25	+50	+55	+16	+5	+7	+13	+33		
+22	+24	+34	+49	+23	-7	-14	-11			
+52	+51	+48	+42	+20	-7	-28	-11	+25	+7	46°
+48	+45	+44	+25	+3	-21	-32	0	+32	-11	
-11	-15	-4	-12	-29	-39	-25	+17	+30	+11	
-14	-13	-12	-22	-29	-17	-2	+10	+22	+15	45°
+34	+26	+15	+11	+6	+15	+27	+31	+39	+28	
+39	+43	+33	+33	+33	+36	+46	+46	+47	+37	

44°

K-31

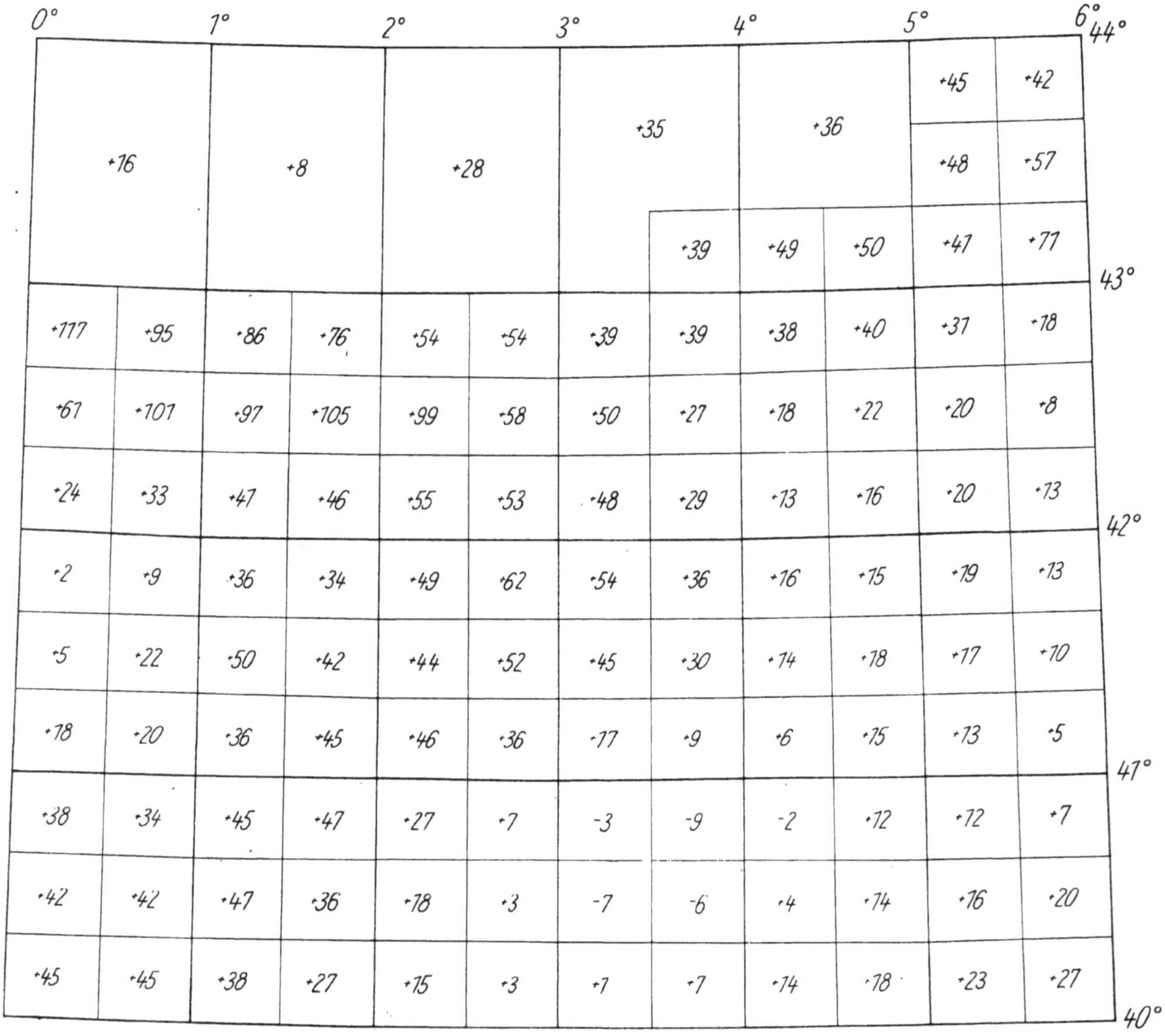
0° 1° 2° 3° 4° 5° 6°
44°
+45 +42
+16 +8 +28 +35 +36 +48 +57
+39 +49 +50 +41 +71
43°
+117 +95 +86 +76 +54 +54 +39 +39 +38 +40 +31 +18
+61 +101 +97 +105 +99 +58 +50 +27 +18 +22 +20 +8
+24 +33 +47 +46 +55 +53 +48 +29 +13 +16 +20 +13
42°
+2 +9 +36 +34 +49 +62 +54 +36 +16 +15 +19 +13
+5 +22 +50 +42 +44 +52 +45 +30 +14 +18 +17 +10
+18 +20 +36 +45 +46 +36 +17 +9 +6 +15 +13 +5
41°
+38 +34 +45 +47 +27 +7 -3 -9 -2 +12 +12 +7
+42 +42 +47 +36 +18 +3 -7 -6 +4 +14 +16 +20
+45 +45 +38 +27 +15 +3 +7 +7 +14 +18 +23 +27
40°

K-32

6°		7°		8°		9°		10°		11°		12° 44°
+60	+85	+97	+99	+17	+2	+33	+40	+58	+47	+44	+55	
+70	+68	+47	+15	-6	-3	+53	+65	+62	+63	+64	+62	
+83	+41	+3	+6	-2	+6	+30	+50	+54	+59	+83	+67	43°
+36	+25	+9	+4	+5	+24	+61	+48	+49	+59	+64	+90	
+2	+2	+1	+7	+14	+79	+119	+42	+39	+48	+60	+68	
+3	-6	-10	-10	+11	+98	+119	+34	+42	+15	+45	+56	42°
+5	0	+2	+5	+18	+83	+105	+30	+14	+17	+40	+52	
+5	+7	+10	+12	+18	+50	+81	+42	+26	+26	+38	+41	
+4	+9	+11	+10	+26	+50	+69	+53	+34	+17	+17	+19	47°
+8	+8	-4	-4	+62	+73	+78	+63	+43	+17	-9	-13	
+15	+4	-10	+19	+67	+78	+78	+69	+40	-6	-32	-28	
+24	+16	+9	+22	+57	+79	+79	+64	+25	-22	-21	-3	40°

K-33

12°		13°		14°		15°		16°		17°		18°
												44°
+7	-21	-26	-14	-1	-3	+40	+31	+68	+112	+125	+102	
+52	+33	-3	-4	-1	-1	+17	+47	-6	+1	+75	+81	
+72	+67	+37	-11	-1	+4	-3	+43	+25	+19	+31	+25	43°
+76	+86	+96	-6	-19	+2	+1	+22	+43	+79	+66	+47	
+72	+86	+114	+52	-20	+4	+16	+20	+84	+62	+38	+8	
+59	+67	+112	+80	+59	+22	+30	+48	+63	+59	+11	-49	42°
+53	+63	+106	+130	+115	+63	+65	+114	+103	+78	+26	-30	
+61	+64	+80	+79	+95	+72	+72	+77	+79	+73	+37	-12	
+27	+72	+53	+49	+62	+69	+77	+80	+97	+87	+66	+26	41°
+2	+30	+65	+49	+69	+105	+111	+105	+101	+116	+116	+80	
-19	0	+32	+55	+85	+64	+100	+110	+79	+66	+86	+93	
-1	+3	+20	+47	+58	+74	+107	+112	+50	+5	+54	+78	40°

K-34

18°		19°		20°		21°		22°		23°		24° 44°
+81	+78	+63	+51	+35	+29	+24	+67	+69	+42	+29	+28	
+102	+79	+67	+70	+75	+62	+33	+39	+49	+91	+32	+33	
+82	+99	+96	+80	+88	+71	+56	+35	+57	+63	+82	+64	43°
+86	+95	+93	+98	+100	+66	+60	+50	+64	+79	+50	+88	
+24	+73	+50	+112	+85	+43	+52	+55	+86	+66	+78	+75	
-48	-24	+13	+52	+68	+97	+77	+54	+76	+77	+116	+151	42°
-49	-23	-16	+20	+94	+128	+87	+45	+47	+74	+118	+162	
-32	-20	-6	+37	+102	+123	+109	+77	+51	+80	+88	+152	
-6	-11	+7	+24	+81	+114	+109	+102	+98	+85	+76	+147	47°
+53	+7	+5	+14	+72	+111	+116	+95	+56	+67	+93	+88	
+72	+43	+9	+43	+74	+107	+89	+90	+82	+83	+113	+90	
+90	+63	+13	+63	+63	+87	+81	+65	+115	+43	+50	+64	40°

K-35

24°		25°		26°		27°		28°		29° / 30°
+35	+40	+48	+59	+67	+75	+77	+67	+58	+43	44°
+46	+58	+60	+73	+92	+99	+94	+77	+56	+42	
+53	+70	+71	+75	+112	+110	+77	+43	+39	+15	43°
+113	+116	+112	+102	+110	+99	+78	+57	+35	-17	
+75	+67	+68	+54	+55	+68	+58	+40	+43	-18	
+53	+27	+26	+43	+76	+81	+88	+68	+50	-18	42°
+170	+145	+93	+66	+65	+78	+101	+103	+54	+16	
+155	+165	+125	+86	+64	+59	+66	+77	+70	+54	
+108	+111	+91	+94	+73	+65	+71	+70	+75	+69	47°
+86	+62	+54	+70	+74	+82	+79	+33	+23	+25	
+44	+36	+33	+52	+55	+68	+67	+62	+66	+67	
+26	+74	+75	+33	+67	+95	+105	+93	+90	+95	40

FSC
www.fsc.org
MIX
Papier | Fördert
gute Waldnutzung
FSC® C083411

Kolibri 360 GmbH
Ferdinand-Jühlke-Straße 7
99095 Erfurt, Deutschland
produktsicherheit@kolibri360.de